U0158749

"十三五"国家重点出版物出版规划项目
海 洋 新 知 科 普 丛 书

神奇海洋的发现之旅
苏纪兰院士 总主编

# 变化海洋中的
# 生命

## LIFE IN A CHANGING
## OCEAN

孙 松 孙晓霞 等 主编

海洋出版社

2023年·北京

**图书在版编目(CIP)数据**

变化海洋中的生命 / 孙松等主编. — 北京：海洋
出版社, 2023.3

（海洋新知科普丛书 / 苏纪兰主编. 神奇海洋的发
现之旅）

ISBN 978-7-5210-1042-8

Ⅰ. ①变… Ⅱ. ①孙… Ⅲ. ①海洋生物－普及读物
Ⅳ. ①Q178.53-49

中国版本图书馆CIP数据核字(2022)第249572号

审图号：GS京（2023）0075 号

BIANHUA HAIYANG ZHONG DE SHENGMING

责任编辑：苏　勤
责任印制：安　淼

**海洋出版社** 出版发行
http://www.oceanpress.com.cn
北京市海淀区大慧寺路 8 号　　邮编：100081
鸿博昊天科技有限公司印刷　　新华书店北京发行所经销
2023年3月第1版　　2023年3月第1次印刷
开本：787mm×1092mm　　1 / 16　　印张：11.25
字数：180千字　　定价：88.00 元

发行部：010-62100090　编辑部：010-62100061　总编室：010-62100034
海洋版图书印、装错误可随时退换

# 编委会

# 变化海洋中的生命
## 编委会

主　　编：孙　松　孙晓霞

本书编委会：王世伟　罗　璇　杨　光　张　芳

　　　　　　王敏晓　陶振铖　郭术津

# 序

在太阳系中，地球是目前唯一发现有生命存在的星球，科学家认为其主要原因是在这颗星球上具有能够产生并延续生命的大量液态水。整个地球约有97%的水赋存于海洋，地球表面积的71%为海洋所覆盖，因此地球又被称为蔚蓝色的"水球"。

地球上最早的生命出现在海洋。陆地生物丰富多样，而从生物分类学来说，海洋生物比陆地生物更加丰富多彩。目前地球上所发现的34个动物门中，海洋就占了33个门，其中全部种类生活在海洋中的动物门有15个，有些生物，例如棘皮动物仅生活在海洋。因此，海洋是保存地球上绝大部分生物多样性的地方。由于人类探索海洋的难度大，对海洋生物的考察、采集的深度和广度远远落后于陆地，因此还有很多种类的海洋生物没有被人类认识和发现。大家都知道"万物生长靠太阳"，以前的认知告诉我们，只有在阳光能照射到的地方植物才能进行光合作用，从而奠定了食物链的基础，海水1000米以下或者更深的地方应是无生命的"大洋荒漠"。但是自从19世纪中叶海洋考察发现大洋深处存在丰富多样的生物以来，到20世纪的60年代，已逐渐发现深海绝非"大洋荒漠"，有些地方生物多样性之高简直就像"热带雨林"。尤其是1977年，在深海海底发现热液泉口以及在该环境中存在着其能量来源和流动方式与我们熟悉的生物有很大不同的特殊生物群落。深海热液生物群落的发现震惊了全球，表明地球上存在着另一类生命系统，它们无需光合作用作为食物链的基础。在这个黑暗世界的食物链系统中，地热能代替了太阳能，在黑暗、酷热的环境下靠完全不同的化学合成有机质的方式

1

来维持生命活动。1990年，又在一些有甲烷等物质溢出的"深海冷泉"区域发现生活着大量依赖化能生存的生物群落。显然，对这些生存于极端海洋环境中的生物的探索，对于研究生命起源、演化和适应具有十分特殊的意义。

在地球漫长的46亿年演变中，洋盆的演化相当突出。众所周知，现在的地球有七大洲（亚洲、欧洲、非洲、北美洲、南美洲、大洋洲、南极洲）和五大洋（太平洋、大西洋、印度洋、北冰洋、南大洋）。但是，在距今5亿年前的古生代，地球上只存在一个超级大陆（泛大陆）和一个超级大洋（泛大洋）。由于地球岩石层以几个不同板块的结构一直在运动，导致了陆地和海洋相对位置的不断演化，才渐渐由5亿年前的一个超级大陆和一个超级大洋演变成了我们熟知的现代海陆分布格局，并且这种格局仍然每时每刻都在悄然发生变化，改变着我们生活的这个世界。因此，从一定意义上来说，我们所居住和生活的这片土地是"活"的：新的地幔物质从海底洋中脊开裂处喷发涌出，凝固后形成新的大洋地壳，继续上升的岩浆又把原先形成的大洋地壳以每年几厘米的速度推向洋中脊两侧，使海底不断更新和扩张，当扩张的大洋地壳遇到大陆地壳时，便俯冲到大陆地壳之下的地幔中，逐渐熔化而消亡。

海洋是人类生存资源的重要来源。海洋除了能提供丰富的优良蛋白质（如鱼、虾、藻类等）和盐等人类生存必需的资源之外，还有大量的矿产资源和能源，包括石油、天然气、铁锰结核、富钴结壳等，用"聚宝盆"来形容海洋资源是再确切不过的了。这些丰富的矿产资源以不同的形式存在于海洋中，如在海底热液喷口附近富集的多金属矿床，其中富含金、银、铜、铅、锌、锰等元素的硫化物，是一种过去从未发现的工业矿床新类型，而且也是一种现在还在不断生长的多金属矿床。深海尤其是陆坡上埋藏着丰富的油气，20世纪60年代末南海深水海域巨大油气资源潜力的发现，正是南海周边国家对我国南海断续线挑战的主要原因之一。近年来海底探索又发现大量的新能源，如天然气水合物，又称

"可燃冰"，人们在陆坡边缘、深海区不断发现此类物质，其前期研究已在能源开发与环境灾害等领域日益显示出非常重要的地位。

海洋与人类生存的自然环境密切相关。海洋是地球气候系统的关键组成部分，存储着气候系统的绝大部分记忆。由于其巨大的水体和热容量，使得海洋成为全球水循环和热循环中极为重要的一环，海洋各种尺度的动力和热力过程以及海气相互作用是各类气候变化，包括台风、厄尔尼诺等自然灾害的基础。地球气候系统的另一个重要部分是全球碳循环，人类活动所释放的大量$CO_2$的主要汇区为海洋与陆地生态系统。海洋因为具有巨大的碳储库，对大气$CO_2$浓度的升高起着重要的缓冲作用，据估计，截至20世纪末，海洋已吸收了自工业革命以来约48%的人为$CO_2$。海洋地震所引起的海啸和全球变暖引起的海平面上升等，是另一类海洋环境所产生的不同时间尺度的危害。

海洋科学的进步离不开与技术的协同发展。海洋波涛汹涌，常常都在振荡之中；光波和电磁波在海洋中会很快衰减，而声波是唯一能够在水中进行远距离信息传播的有效载体。由于海洋的特殊性，相较于其他地球科学门类，海洋科学的发展更依赖于技术的进步。可以说，海洋科学的发展史，也同时是海洋技术的发展史。每一项海洋科学重大发现的背后，几乎都伴随着一项新技术的出现。例如，出现了回声声呐，才发现了海洋山脉与中脊；出现了深海钻探，才可以证明板块理论；出现了深潜技术，才能发现海底热液。由此，观测和探测技术是海洋科学的基石，科学与技术的协同发展对于海洋科学的进步甚为重要。对深海海底的探索一直到20世纪中叶才真正开始，虽然今天的人类借助载人深潜器、无人深潜器等高科技手段对以前未能到达的海底进行了探索，但到目前为止，人类已探索的海底只有区区5%，还有大面积的海底是未知的，因此世界各国都在积极致力于海洋科学与技术的协同发展。

海洋在过去、现在和未来是如此的重要，人类对她的了解却如此之少，几千米的海水之下又隐藏着众多的秘密和宝藏等待我们去挖掘。

《神奇海洋的发现之旅》丛书依托国家科技部《海洋科学创新方法研究》项目，聚焦于这片"蓝色领土"，从生物、地质、物理、化学、技术等不同学科角度，引领读者去了解与我们生存生活息息相关的海洋世界及其研究历史，解读海洋自远古以来的演变，遐想海洋科学和技术交叉融合的未来景象。也许在不久的将来，我们会像科幻小说和电影中呈现的那样，居住、工作在海底，自由在海底穿梭，在那里建设我们的另一个家园。

总主编　苏纪兰

2020年12月25日

# 编者的话

　　在茫茫宇宙中，只有地球是蓝色的，因为只有地球上有液态的水。人类穷尽各种方法，利用最先进的科技手段和他们的聪明才智，力图探索宇宙中是否有其他的生命存在，特别是能否找到宇宙中的其他智慧生物，但是迄今为止一无所获，一个重要的原因是别的星球上没有液态的水，所以可能只有地球上才有生命。地球上97%的水都储藏在海洋中，超过70%地球表面被海洋所覆盖，海洋的平均深度在3800米左右，海洋中生活着无数千奇百态的生物，我们在陆地上能够见到的生物在海洋中基本都能找到，海洋中的浮游植物贡献了地球上超过50%的氧气，海洋中的生命是海洋生物地球化学循环的主要驱动因子，对于维持地球气候和整个地球上的生命系统起到至关重要的作用。我们对海洋中的生物了解得很少，很多海洋生物在我们认识它们之前就消失了，同时海洋中也在不断产生新的生命，很多人相信生命起源于海洋。而海洋一直处于变化之中，海洋中的生物也一直处于变化之中，从海洋生物的种类组成到每一种生物的数量和分布范围都在发生变化。在这些变化中，有些是由于地球系统本身的变化造成的，有些是由于人类活动造成的。在过去60多年中，人类从海洋中获取了超过60亿吨的鱼类和其他海洋生物，同时向海洋中倾倒了超过60亿吨的垃圾。在全球气候变化和人类活动的共同作用下，海洋生态系统发生了巨大的变化，海洋生物多样性减少，海洋渔业资源衰竭，生态灾害频发，海洋中的很多生物处于被灭绝的危险境地。在我们探索生命、欣赏海洋生物的美妙、开发利用海洋生物资源的同时，我们也要了解海洋生物的危险处境。假如有一天海洋中的生命不存在了，人类的末日也就到了，所以保护海洋、保护海洋生物就是保护我们自己。

本书是一本有关海洋生物的科普读物，参加本书编写的都是一些中青年科技工作者，他们一直在科研第一线从事与海洋中的生命有关的科研工作，他们热爱海洋，热爱海洋中的生物，不断探索海洋生物的奥秘，同时他们也热心于把他们的知识贡献出来，与每一个热爱海洋、热爱海洋生物的人一起分享。该书的主要目的是希望能够唤起人们的海洋意识、保护海洋环境、保护海洋生物多样性、合理开发海洋生物资源、维持海洋生态系统健康，让海洋生物更好地为人类的生存与发展服务。期望本书能够帮助读者开拓视野，增长知识，通过了解多彩多姿的海洋生命及关键的生物海洋学过程，探寻海洋的奥秘。

本书由孙松进行整体策划，第一章由孙晓霞、孙松撰写；第二章、第四章由王世伟撰写；第三章由罗璇撰写；第五章由孙松、杨光撰写；第六章由张芳、孙松撰写；第七章由王敏晓撰写；第八章由孙晓霞、陶振铖、郭术津撰写。金鑫、刘梦坛负责部分图件的绘制与修改。本书感谢海洋科学创新方法研究项目（2011IM010700）、国家自然科学基金（42130411、U2006206）、国家实验室项目（2022QNLM040003-5）、中科院国际伙伴计划项目（133137KYSB20200002）、泰山学者工程专项的支持。

孙　松

2022年3月

# 目录

CONTENTS

# 第一章
# 生命之美，无处不在
## ——全球海洋生物多样性分布格局

## 引 言

从人类诞生初期，人们便开始利用海洋。但是，我们对海洋生命的了解多限于海岸带和我们的船只能够到达的海洋表层（图1-1）。探寻新的、更深的水域经常会有令人意想不到的发现。20世纪90年代末，海洋科学家们提出，人类对海洋生物的了解，远远落后于我们所希望和需要了解的，他们对此深感担忧。

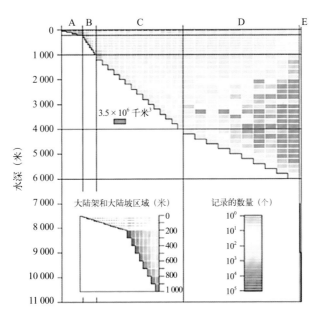

图1-1　人类对海洋生命的了解主要集中在近海和浅水区（由红到蓝表示从多到少）
图片来源：国际海洋生物地理信息系统

在2000年，全球海洋生物普查计划组织了一个庞大的研究团队，开始了其在全球海洋中长达10年的探索（图1-2）。这项研究几乎跨越了所有的海洋区域，从海岸带到陆坡再到深海平原，从北极跨越热带一直到南极海岸。科学家们收集各种信息，从微生物到鲸类，通过这些信息来反映从过去到未来的变化。科学家们在他们调查的地方都发现了生命，就像是物种的爆发。清点海洋中的生物、它们的多样性、分布和数量，是一项巨大的工程。下面就让我们跟随全球海洋生物普查团队的脚步，来感受海洋中无处不在的生命之美吧[①]。

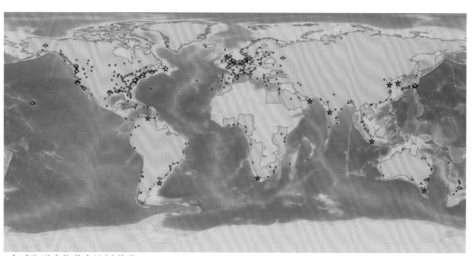

全球海洋生物普查计划联盟

■ 普查计划整体协调中心　◆ 项目总部　★ 国家或地区总部　● 参与的机构　▨ 参与的国家

图1-2　全球海洋生物普查计划研究团队分布
图片来源：全球海洋生物普查计划制图与可视化团队

---

① 本章内容主要基于全球海洋生物普查计划10年亮点成果报告撰写。

**全球海洋生物普查计划**

全球海洋生物普查计划（Census of Marine Life，CoML）是由美国斯隆基金会发起的全球性的海洋生物调查计划，该计划为期10年（2000—2010年），目标是评估和解释海洋物种不断变化的多样性、分布和丰度，从而了解海洋生命的过去和现在，并预测未来的发展趋势。

来自80多个国家的2 700位科学家组成调查研究团队，钻研历史档案、派出超过540个调查团队进入所有海域，并与其他组织和计划合作，最终绘制出全球海洋生物多样性的分布图。

中国科学家积极参与了该项计划的研究。全球海洋生物普查计划中国委员会（CoML China）由孙松领导，秘书处设在中国科学院海洋研究所。

# 全球海洋生物的多样性

不同种类的动物、植物和微生物的数量能够表明生物的多样性。多样性常被认为是金融投资中的安全性因素，生物学家也经常使用生物多样性作为评价生态系统健康水平的尺度。科学家们可以将多样性简单地定义为物种的数量，也可以计算多样性指数或扩展到一个地区的基因多样性或缩小至个体多样性。尽管如此，物种通常被人们当作通用的尺度，而物种名录则被作为生物多样性的资本总额。

因此，要完成一次生物普查并收集所需的第一手资料——多样性，重点在于物种的研究。物种的通常定义是指雌雄个体间可以互相交配并繁殖具有繁衍能力的后代（无性繁殖的情况除外），而且与其他群体间存在生殖隔离的有机群体。这次全球海洋生物普查整理了之前的和计划外得到的数以百万计的物种水平的观测数据，并添加了本次调查获得的上百万个数据。此次普查发现了超过6 000种的新物种，甚至发现了数种曾被认为已灭绝的物种。

持续发现新物种使得我们经常很难确定海洋生物出现的时代。海洋鱼类，可能是研究最多的海洋生命，其研究的时间表显示，过去300多年里至少有8个物种发现的高峰期。由于越来越多的分子生物学和遗传学手段的支持，分类学家仅在海洋鱼类新物种的描述方面的速率就已达到每年约150种。显然，海洋生命的探索时代在继续，即便鱼类也是如此，借助已知物种的数量来衡量的生物多样性其实一直在增加而并非在减少。

事实上，自2000年以来，每年发现的海洋新物种的数量平均达1 650种左右。甲壳类动物以每年增加452种、软体动物以每年增加379种的速率遥遥领先，而海绵和棘皮类动物也分别以每年增加59种和每年增加30种的速率不断增加（图1-3）。据估计，已知海洋物种的数量已从2000年的23万种上升至2010年的至少24.4万种。在未来几年中，随着对过去记录的整理和新物种的描述，世界海洋物种名录上的海洋生物物种应该可以达到25万种。

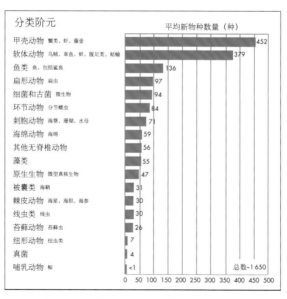

图1-3  自2000年起每年发现的海洋新物种数量和门类分布

图片来源：Philippe Bouchet 和 Benoit Fontaine

科学家们试图运用统计学的方法估计还有多少海洋生命形式有待发现。可惜的是，或者说奇妙的是，最终的数目仍然不确定。据澳大利亚的专家推断，在澳大利亚水域，已知的33 000种物种只占预计总物种数量的10%到20%。他们在一个几平方米的珊瑚礁中发现了1 200种螃蟹，大约7%的物种在已知物种的名单上，由此我们可以推测，仅珊瑚礁就可为100万至200万种海洋生物提供生活场所。科学家们通过对海洋生物分类体系的研究推断，该区域至少有100万种生物，而对物种上限的估计仍然缺乏确切的依据。

海洋微生物数量的粗略估计为100×10亿×10亿×10亿（10的29次方）个，总重量相当于240亿头非洲大象的重量。虽然它们构成了所有海洋生物量的90%，但大多数种类的海洋微生物还没有被发现。直到生物技术的使用，特别是大样本的快速取样和DNA测序，才揭示了它们的多样性，这可以说是生物技术的奇迹。即便是较短的DNA片段往往也可以像鉴别动植物种类一样鉴别微生物种类。在全球1 200多个网站上，科学家们收集了超过100个主要门类的微生物的1 800万个DNA序列。10年来，通过对微生物世界的探索与揭示，对微生物种属多样性的估计超过了以往所估计的100倍。1升海水可以包含超过38 000种细菌；1克沙子可以包含5 000到19 000种细菌。在某一特定尺寸的动物身体中，可能存在2 000万种或更多种类的微生物。微生物的涵盖范围宽泛，包含生活在海洋生物体内的寄生虫和所有其他微生物。例如在鱼或水母的肠道中可能生活着高达10亿种海洋微生物。每个较大的海洋物种中都可能包含100到1 000种微生物。

未知海洋物种的持续发现，说明了物种大发现时代还没有结束。发现海洋物种和海洋微生物的机会比比皆是。当然，在不熟悉的水域，未知物种也比比皆是。有调查发现，在南极洲周围的

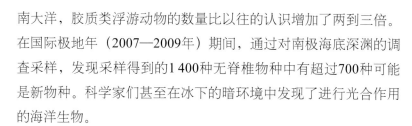

南大洋，胶质类浮游动物的数量比以往的认识增加了两到三倍。在国际极地年（2007—2009年）期间，通过对南极海底深渊的调查采样，发现采样得到的1 400种无脊椎物种中有超过700种可能是新物种。科学家们甚至在冰下的暗环境中发现了进行光合作用的海洋生物。

在日本附近的琉球海沟，深海探索者拍到了有史以来生活水域最深的栉水母。它生活在海平面以下6 000米处，这一深度相当于珠穆朗玛峰高度（8 848.86米）的2/3。还有生活在海底热液口的很容易被拍到的螃蟹新种。海底热液口，也被称作黑烟囱，通常出现在地壳板块被彼此拉伸并产生新岩石的洋脊。冷水通过两板块间的缝隙向下循环，并在通过炎热的岩石时被加热。来自热液口的热液携带矿物质和硫化物，同时给不能进行光合作用的极端环境下的生物提供能量。在东南太平洋智利复活节岛附近的一个热液口，普查人员发现了雪人蟹（*Kiwa hirsuta*），它不仅是一个新种，并且属于一个新属、新科。

物种的编目记录了很多极端环境下的海洋生物，就像体育比赛中的最快冲刺和最高强度。目前热液口普查勘探者已经定位了最深的（5 000米）、最热的（407°C）、最北的（73°N，北极）、最南的（60°S，南极）黑烟囱热液口。从1977年发现第一个热液口以来，科学家已经发现了1 000个热液口并描述了650种新物种，但这并没有减少发现率。到目前为止，只有15%到20%的海山被调查过。冷泉口也释放出矿物质、甲烷和硫化物，但是它们的温度低。在冷泉附近普查人员发现了600种新物种。

海洋中的大型生物也格外引人注目。一种在马达加斯加沿海新发现的巨大的带刺龙虾（*Panulirus barbarae*），重达4千克，身体长达50厘米。普查探险队经常在南极水域发现大型生物。他们收集了巨大的多鳞片蠕虫、甲壳类、海星、像盘子一样大的蜘蛛蟹。在寒冷环境下，它们生长缓慢，并且长寿。巨大的海星可以长到60厘米。

正如很深处和很远处会发现很多新物种，很小的难以看到的地方也是如此。在2007年进行的11个月的调查研究中，科学家们测序了来自西英吉利海峡的超过18万个样本的基因。这些基因很少有相同的。每读取25个基因就能发现一个新细菌物种（总共有7 000个属）。这从数量上说明了人类对于微小生物的了解少于大型生物。样本中许多稀有物种的发现与我们通常认为的少量物种占优势的理念相矛盾。他们推测现在的许多稀有种会在环境变得对它们有利时变成优势种。

科学家从所遇到的灭绝的种类中拯救海洋生物，使物种多样性有了可喜的增长。他们在澳大利亚水域发现了一种被认为在5 000万年前就已经灭绝了的侏罗纪虾（*Neoglyphea neocaledonica*）。紧随其后的是在加勒比地区发现的一个活化石（*Pholadomya candida*），这是唯一仅存的已知在地球上广泛存在了超过1亿年（三叠纪至白垩纪时代，2亿至6 500万年前）的深水蛤蜊。这种生物被认为在19世纪就灭绝了，这个活化石在哥伦比亚加勒比海

图1-4　侏罗纪虾（上）和加勒比海的蛤蜊
活化石（下）
虾图片：Bertrand Richer de Forges和Joelle Lai，
蛤蜊图片：Juan Manuel Díaz
引自：FIRST CENSUS OF MARINE LIFE 2010:
HIGHLIGHTS OF A DECADE OF DISCOVERY

岸3米深处被发现。这一发现也证实，这种蛤蜊可以在浅水处生活，它们靠过滤海水中的悬浮物作为食物，而不是过去所认为的捕获底部碎屑，为人们提供了用基因序列研究古代蛤类谱系和进化的机会。

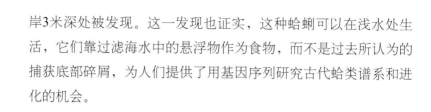

### 侏罗纪虾

2005年法国科学家Bertrand Richer de Forges带领的团队在澳大利亚东北部的珊瑚海水域进行海山的研究，他们在接近400米的水深处拖网，发现了这种从未见过的虾。研究人员感到很惊讶，因为它们属于5 000万年前灭绝的生物种类，研究人员将其称为"活化石"。

在发现侏罗纪虾之前，人们认为有10条腿、状似龙虾的史前虾类早在5 000万年前就已经灭绝了。侏罗纪虾在自然界中是堪称活化石的动物。在此之后，活侏罗纪虾开始出现在我们的视野中。物种历经数百万年的进化，几乎没有任何变化。

生命周期和生活习性也可以用来辨别物种。在东北大西洋，科学家们发现了一种新的牡蛎（*Neopycnodonte zibrowii*），在很深的悬崖壁上成礁。放射性碳测年显示，这种个体的寿命长达100至500年，可列为最长寿的软体动物之一。在冷泉口发现了更令人震惊的长寿生物，1米长的管状蠕虫（*Escarpia laminata*），在没有阳光的海底可存活600年左右。

海洋如此广袤，海洋生物种类如此繁多，海洋生物的分布与海洋环境之间有无规律可循？根据全球范围内对浮游动物到哺乳动物的13个门类的研究，可发现两个主要模式：一个是在开放的大洋中，生物多样性的高峰出现在中纬度或者亚热带地区；另一个是在海岸带区域，物种高峰出现在热带，如印度尼西亚和菲律宾（图1-5）。海面温度是与这13个大类生物多样性高度相关的环境预报因子。

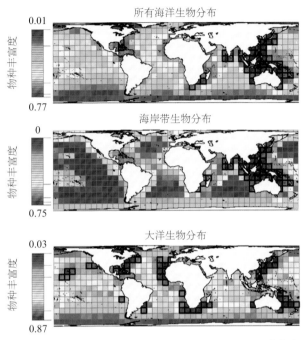

图1-5 全球海洋生物多样性分布格局（颜色由蓝到红表示物种丰富度从低到高）

图片来源：Tittensor et al. 2010. Nature 466: 1098-1101

　　虽然科学家们确立了上面这些主要模式，但例外也总是存在的。有些地带水温接近冰点，生物多样性却比热带水域的一些地区要高。一些类群也不遵循热带地区有最高多样性这样的纬度规律。在更深处，沿着大陆边缘从大陆架向深海平原倾斜，底栖生物的多样性高峰通常出现在2 000至3 000米深的中部斜坡。在这里深度比纬度更重要。

　　参与普查计划的科学家们还记录了令人震惊的从未接触过阳光的深海物种。根据深潜器对深海生物进行综合探测的结果表明：现在已知的生活在永恒黑暗水域的物种约有17 650种，是一个包括蟹类、虾类和蠕虫等许多物种的多元化集合。许多物种摄食真光层落下来的少量食物，而其他物种依靠细菌分解石油、硫

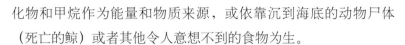

化物和甲烷作为能量和物质来源，或依靠沉到海底的动物尸体（死亡的鲸）或者其他令人意想不到的食物为生。

参与海洋生物普查计划的人员在这个星球上的所有水域探索生物多样性，观察了数以百万计的样本。超过1 200种收集的样本现在正式定名为新物种，而超过5 000种生物对于科学家来说也可能是新种，正在等待描述和加入海洋生物多样性名录。在全球范围内，海洋生物学家几十年来共同努力收集的样本以每年1 600种海洋生物的速度增加。通过与其他团体合作，普查科学家证实可能有25万种已知命名的物种，他们正为其中接近20万种确立权威的名录，并为超过8万种建立网页。他们为超过3.5万种物种测序，并得到海洋生物之间的关联。通过获得的成千上万种海洋微生物的DNA，普查人员估计有多达10亿种微生物存在。虽然估计至少有100万种生物生活在海洋中，但是并没有一个固定的上限。就所有生活在海洋中的生物而言，较小生物的数量是较大生物数量的100到1 000倍。海洋中已经发现和未发现的生物多样性可谓急速发展。

# 全球海洋生物的分布

除了生物的种类外，生物个体的分布、栖息地和移动路径也非常重要。生物的分布能够显示物种的出生地、取食地和繁殖地。生物集群则能够显示同种生物集结的地点。通过一个物种的分布图我们能够确定某个栖息地是否适合这个物种生长，或者是受到胁迫乃至死亡。

海洋生物的移动区域和生存地区的状况影响着它们能否顺利生存下来。通过在海洋生物身上安装电子追踪器，能够记录它们移动留下的痕迹。旗鱼，短距离游速快达每小时110千米。大西洋蓝鳍金枪鱼，在欧洲和北美之间由东向西和由西向东横跨北大西洋约6 000千米进行迁移；太平洋蓝鳍金枪鱼，通过多种路线横渡太平洋。同样令人印象深刻的游泳健将——座头鲸，每年完成8 000多千米的马拉松一般的南北迁移。一种属于海鸥类的小海鸟，绕着整个太平洋进行64 000千米的往返旅行，从新西兰到日本，到阿拉斯加，再到智利，然后回到南大洋。这一趟，平均每小时迁移约40千米，是有史以来电子标记记录到的最长迁移距离。

### 电子追踪器

电子追踪器是指安装在海洋生物身体上的电子装置，通过接收这些电子装置发出的信号，能够确定它们的行踪。科学家使用过的电子追踪器包括以下几类。

（1）历史记录标记：该标记装置体积小、重量轻，一般可以通过外科手术方式植入鱼类的腹部，不会影响正常的游泳、迁徙。这种标记必须回收后才能获取数据，特别适用于标记一些渔获种，如蓝鳍或黄鳍金枪鱼。该标记可以感知压力（可以推测深度）、外界可见光强（用以推测位点）、生物体内外温度以及游泳速率。这种标记生命周期较长，有些甚至可以记录长达10年的数据。

（2）可释放历史记录标记：该标记装置比上一种体积略大，在放置于动物体时，预先设定其记录时间（例如30天、60天、90天），在时间到达之后，该标记装置可以自动离开被标记生物并上浮至海面，然后将记录数据传送给卫星，电池耗尽后即中断与卫星联系，不过数据仍存留于标记内，一经发现还可以下载其中的数据。该标记所测参数与前者类似。

（3）智能位置、温度数据传输标签：该标签非常适合用于需要定期到水面换气的大型动物（如海豹、鲸、海龟等）以及经常贴近海面游泳的动物（如鲑鲨、蓝鲨等）。当标签的天线露出水面后，即开始传输数据给卫星；一旦降至水面以下，电子标签会自动关闭。该标签一般生命周期为2年。

（4）卫星中继数据记录器：这种设备能够实现数据压缩，因此可以记录更多的数据。该标记可以配合温度-盐度-深度标签使用，记录生物周围的环境数据。该标签适用于象海豹、海狮与海龟。

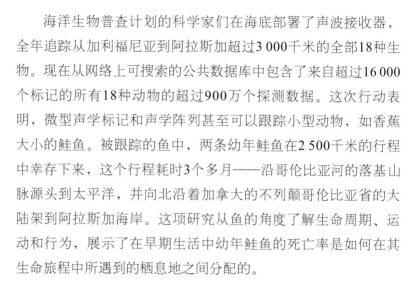

　　海洋生物普查计划的科学家们在海底部署了声波接收器，全年追踪从加利福尼亚到阿拉斯加超过3 000千米的全部18种生物。现在从网络上可搜索的公共数据库中包含了来自超过16 000个标记的所有18种动物的超过900万个探测数据。这次行动表明，微型声学标记和声学阵列甚至可以跟踪小型动物，如香蕉大小的鲑鱼。被跟踪的鱼中，两条幼年鲑鱼在2 500千米的行程中幸存下来，这个行程耗时3个多月——沿哥伦比亚河的落基山脉源头到太平洋，并向北沿着加拿大的不列颠哥伦比亚省的大陆架到阿拉斯加海岸。这项研究从鱼的角度了解生命周期、运动和行为，展示了在早期生活中幼年鲑鱼的死亡率是如何在其生命旅程中所遇到的栖息地之间分配的。

　　海洋动物在哪里死亡及其死亡原因也是人们关注的主要问题之一，特别是那些具有长途迁移特点的动物更具有挑战性。对3 500条幼体鲑鱼的调查表明，只有约1/6的幼体鲑鱼能在海洋中的第一个月后生存下来，而有1%到4%的鲑鱼能生存两年并返回原来的河流产卵。

　　对于比太平洋鲑鱼更不熟悉的物种，了解它们在何时何地迁移也能扩充我们的知识。例如，对于受到威胁的绿色鲟鱼，声学阵列发现了它们每年沿大陆架从美国向加拿大水域迁移。一群数量可观的鲟鱼为了越冬向北部迁移。对于标记的鲟鱼的高频检测能够估计出它每年有83%的生存率。

　　为了记录金枪鱼的位置、深度、体温以及它们所生活的墨西哥湾水域的温度和光线，科学家们标记了28条大西洋蓝鳍金枪鱼，有的重达300千克。30年来这些蓝鳍金枪鱼的产卵量下降了30%。大多数标记的金枪鱼在佛罗里达海峡附近和西部海湾里游动，那里的大陆架陡峭，表面温度为24℃至27℃。

结合卫星标记、声学监测和遗传学，生物普查计划跟踪项目发现大白鲨在东太平洋遵循一个常规的迁徙周期。鲨鱼从加利福尼亚州沿海迁移到位于夏威夷的被科学家们称为"大白鲨咖啡馆"的聚会场所。在加利福尼亚州和夏威夷的"咖啡馆"之间往返，鲨鱼展示了其归巢本能。经过超过200天和约5 000千米的近岸行程，每条鲨鱼都会准确地返回到水深约30米的加利福尼亚州驻地。

在2004年至2007年期间，卫星在东太平洋跟踪记录了棱皮龟们12 095天的旅行。在过去20年里，人们在捕捉其他鱼类的同时收集海龟蛋、捕捉海龟，已使其种群数量下降了90%。科学家们跟踪它们的栖息地和迁徙路线，从哥斯达黎加穿越赤道进入南太平洋环流，这是一片贫瘠的广阔海域。因此，在海龟迁移过程中渔业被关闭，这是保护海龟的开始。此外，执行生物普查计划的科学家在海龟筑巢期间定位雌海龟的栖息地，此时它们受到近岸渔业捕捞和海岸线扩张的威胁。通过由海洋生物普查计划创建的网站（The Great Turtle Race Web），人们能够了解海龟的迁移规律，有助于鼓励人们提出保护海龟的措施。

利用对海洋动物标记和追踪的数据，科学家们绘制了一幅令人大开眼界的海洋聚居地和海上航线的图像（图1-6）。虽然从飞机上看下去海洋可能是清一色的不透明，然而在深蓝色外表的下面，金枪鱼、海龟、海豹、鲸、鲨鱼和鱿鱼等每个物种都有它们特定的栖息地，并且连接了海洋的东西南北及深浅水域。有证据证明，从北太平洋到围绕南极洲的南大洋，每个聚居地都会接待远道而来的来访者。每个物种的标记生物都会去一些意想不到的地方并且做一些意想不到的事情，例如大白鲨会光顾它们位于夏威夷的"咖啡馆"。

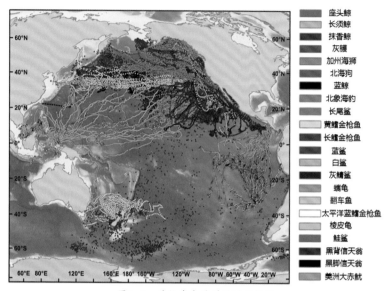

图1-6　动物在太平洋的迁移轨迹

图片来源：Tagging of Pacific Predators项目

座头鲸
长须鲸
抹香鲸
灰鲸
加州海狮
北海狗
蓝鲸
北象海豹
长尾鲨
黄鳍金枪鱼
长鳍金枪鱼
蓝鲨
白鲨
灰鲭鲨
蠵龟
翻车鱼
太平洋蓝鳍金枪鱼
棱皮龟
鲑鲨
黑背信天翁
黑脚信天翁
美洲大赤鱿

　　在三维的海洋中，生物既能垂直移动又能水平跨越。自从20世纪60年代以来，动物身上携带的相机记录了它们游泳和潜水的地点。附着在北象海豹身上的电子标记记录了它们通常到达600米深度潜水，并偶然发现一只海象下潜到1 550米深度。在水面以上呼吸空气的物种经常潜水捕食。海豹和鲸从海面下潜到几百米甚至几千米深处，利用它们的呼啸声和声呐系统寻找猎物。

　　鱼类以及甲壳类动物和其他无脊椎动物隐藏在黑暗的深处，食肉动物无法看到它们，但在晚上会到海面觅食。对于鱼类和无脊椎动物，这些垂直迁移行为创建了一个黎明和黄昏时分的"高峰时间"，捕食者和猎物往返于觅食地点和它们的适宜深度位置。有的每天移动500到1 000米深度，比最高的摩天大楼中电梯搭载人类上升的高度还要高。

　　使用新的回声测深仪可以完全深入深部海底观察情况，还有声呐系统可以在深水中向上探测，科学家们发现了一个动物上升到水面觅食的夏季高峰时间，就仿佛回家吃晚饭一样。靠近大西洋中脊的1 000米水下的回声测深仪记录了鱼类和浮游动物在晚上9时左右上升约400米到达光合作用制造食物的区域。早晨约6时它们回到水面下。

当然，大和小的涡流会与水平和垂直运动相结合。在大西洋中部，科学家们发现有着大量物种的群落其结构受到深1千米、直径达数十千米的涡流的影响。深入到海洋深处的海浪也塑造了海洋生命的丰度。自从20世纪50年代开始就已经知道300到800米深度水层的生物量丰富，然而海洋生物普查计划进一步增加了其他证据，证明大西洋1 500到2 300米深的水层生物量也很丰富。

几十年来吸引生物学家的一个关于物种分布的问题是，有些动物是否在两极地区都能茁壮成长。虽然我们知道，北极熊只栖息在北极而企鹅只栖息在南极，生物学家们想知道是否有两极软体动物、甲壳类和鱼类。科学家们鉴别了既生活于北极又生活于南极的有记录的300多个物种。然而DNA测试显示它们之间有很大的不同，而真正的两极动物如果有的话也非常少。

科学家们用"生物地理学"来表示海洋或陆地生命的分布。研究人员比较了65 000种海洋动物、植物和原生生物的分布并制作了第一个所有种类的全球海洋物种多样性地图。这里分析了全球30个著名的生物地理区域，每一个区域都有独特的动物和植物种类（图1-7）。

这种分类主要是基于表层或近表层，因为在这些水层的观测比在深海更加丰富。自19世纪中叶生物学家从陆架边缘海到深海海沟已发现27种栖息地，包括最近发现的鲸骨生态系统、冷水珊瑚礁和甲烷渗出口等栖息地。对于大多数栖息地而言，其在全球的总面积是未知的，或者只能够粗略估计。在全球的深海海底，已仔细采样的区域不超过几个足球场大。

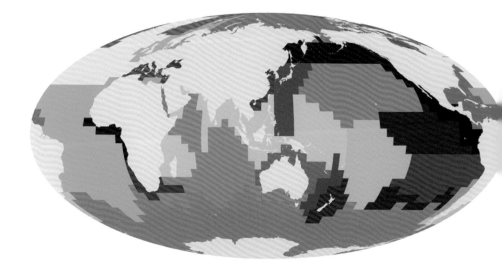

**图1-7 全球海洋生物多样性分布**
（根据65 000个物种的分布制作的第一张全球海洋物种分布图，分为30个海洋生物区系、
每个区系都有其独特的动植物特征）
图片来源：Mark J. Costello

　　不论海水的深浅，海洋温度、海流和化学性质的变化都会使很多海洋生物重新分布。研究人员预测热带水域的水温变暖后生物多样性会下降，而在南北半球50°至70°纬度之间的区域多样性则会增加。

　　海洋生物在这个星球上紧密相连的水域中上下游弋、不断旅行，寻找食物和自己的同类。然而，这种旅行没有保障，一路上会遭遇各种变化，比如说海水温度和化学性质的变化以及捕食者的捕食。在这些形形色色的海洋生命中，有些善于游泳，有些漂浮在水中随波逐流，有些则埋在泥浆里或者附着在岩石上。因此，在海洋中我们会发现，原来以为极端的生境似乎都是正常现象。海洋对人类的透明度越来越高，因为越来越多的研究会告诉我们海洋生命的交通模式和居住环境。

# 全球海洋生物的丰度

在命名海洋生物的种类并绘制了它们的地理分布之后，科学家们需要知道它们的丰度（个数）或称量它们的重量。通常情况下，丰度上升表示一个物种健康，丰度下降是在该物种灭绝的悲剧发生之前发出的警告。要在全球海洋中计数或称量游泳生物或者浮游生物，需要克服重重困难，面临极大的挑战。然而通过查阅历史档案，通过作为食物的初级生产者进行估算，或者通过一些新的技术扫描大的鱼群，科学家们将这些过去未知的领域逐渐转变为现在已知的领域。

作为了解未来发展趋势的第一步，历史学家们从目前出土的化石、鱼的历史以及从海洋生物制品的产品税的记录中获得了历史记录。历史经验表明，人们很久以前就开始捕捉海洋生物，并且他们对海洋物种的开发比预想中的更为广泛。

事实上，自史前时期以来，我们的祖先便开始收集软体动物的肉和贝壳。在美洲、非洲、欧洲、日本和巴布亚新几内亚，人们对贝壳的沉积物或者贝丘均有记载。关于皇后海螺的研究表明，由于1492年前美洲印第安人的疯狂开发导致其枯竭。从16世纪到19世纪，海螺种群有所恢复，但是到20世纪80年代初发生了第二次枯竭。

自从五六世纪前开始有了鱼类的档案和记录的积累，鱼类的历史就开始被保存。约翰·卡博特（约1450—1498年）提供了一个例子，他写道，加拿大沿海的鱼"如此众多，你可以踩着它们的背步行横跨海湾"。其他故事描写了当地印第安人用鱼叉捕获从沿海岸水域迁移到上游的鲑鱼。即使是大量地捕获，一些大型动物依然存在。

即使有些区域的捕获力度还不是很大，海洋生物的丰度仍然存在着波动。1600年和1800年在丹麦捕获的鲱鱼提供了一个丰度不断变化的定量线索，在5个因子的影响下鲱鱼的丰度上下波动，可能主要是由于天气和气候变化的原因所导致。在很久以前，多变的气候似乎也改变了俄罗斯高北地区的鲑鱼种群。

在后来的时代，20世纪波罗的海鳕鱼、鲱鱼的捕获量的变化为进一步剖析引起鱼类丰度变化的原因提供了数据。与同步的气候观测值一起，结合海水中的营养物质、肉食性的海洋哺乳动物，科学家们可以分析关于变化种群诱因的历史数据。因为，如果我们不了解波动的原因，将很难预测自然和人类扰动所引起的变化。

19世纪中叶后，在北美海岸商业渔民捕获旗鱼，所捕获的数量经常可以相差10倍。捕获数量的升高或者降低可能是由于鱼类种群的大小和捕鱼的花费所导致的。另一方面，不论是用鱼叉捕获还是在航行过程中捕获的旗鱼，捕到的鱼平均体重下降都很明显，从1860年高达270千克降低到2000年以来的不足100千克。

科学家们从古生物和考古证据进行了分子标记、历史记录以及渔业统计分析。他们建立了10组大型海洋动物的历史基线丰度。在它们的最低点，10组海洋动物平均丰度下降了近90%。从历史上看，过度捕捞和栖息地的破坏是导致由人类活动引起的对海洋生物构成威胁的主因。在达到其最低点以后，4组生物的丰度已略有回升。鲸和海豹大约恢复了20%。由于目前可用的数据大多是关于受关注的、具有重要商业价值的物种，因此这些估计主要代表了大型的、已经被发现的特定的物种，而不是所有海洋动物。对于这些有价值的动物，这些历史数据不仅确认了它们在不同历史时期丰度的下降，同时也为如何恢复它们的种群提供了一些实例。

从海洋中捕获生物有时会导致这些生物种群发生快速的变化，就像澳大利亚东南部的拖网渔业在1914年和1950年之间的情况一样。鱼类的丰度在高捕获率的情况下大幅下跌，相比之下，物种恢复率往往是非常缓慢的。现在恢复最好的物种，往往是在至少100年前就停止了捕杀，并且20世纪初期到中叶成为了被保护生物的物种。

对于价值较高、寿命较长的金枪鱼，参与普查的历史学家研究了从1900年到1950年的捕捞状况，这段时期捕捞强度的增大导致了曾经极为丰富的欧洲北部海岸的金枪鱼的衰竭。通过浏览销售记录、渔业年鉴和其他来源的资料，研究人员发现，蓝鳍金枪鱼在每年夏天的几个月里在欧洲北部海域大量涌现，直到1920年，海洋渔业开始高速发展，欧洲市场上到处都是蓝鳍金枪鱼。在19世纪中叶，渔民曾将这些金枪鱼看作很好的伙伴，但是，到第一次世界大战前，人们很少能捕获到蓝鳍金枪鱼，甚至在沿岸看到它们都成了令人兴奋的场景。

第一次世界大战结束后，大量的船只、探测技术以及战争中的装备被用于渔业捕捞，帮助渔民增加了每年的捕获量，从1910年的几乎为零到1949年的近5 500吨金枪鱼。1929年，丹麦建立了一个金枪鱼罐头厂。1949年，挪威有43艘船捕捞金枪鱼，但这一数目很快增长到了200艘。从1910年到1950年，蓬勃发展的捕鱼业使得大西洋蓝鳍金枪鱼的种群在短时间内衰竭殆尽。在20世纪60年代初该物种几乎从该地区消失，如今仍然很稀少。

除了通过渔获物、目测、计算推测等方式外，科学家们还直接观察海洋生物的丰度。他们部署了一个新的声学传感器系统跟踪巨大的鱼群，沿着大陆架数万平方千米的海域，有时是一大群鱼，有时是小的鱼群。声呐系统可以感知到鱼群，通过声波的反射可以定位。现在新的声呐系统可以研究的海域范围比过去要宽广100万倍。

这项新技术沿大陆架的探测效果最好，因此调查人员将精力集中在纽约长岛南部大陆架水域和缅因湾的乔治海岸。当他们第一次工作时，根本没有去寻找鱼，他们只想看看自己的设备是否可以定位海底的古河床。但是当他们发现所获得的探测图像并不与河床的图像相匹配时，研究人员回溯了图像，却发现了数以百万计的鱼类。每分钟都在更新的声呐图像，持续监测鱼群中数以百万计的鱼类的体积和密度以及它们每隔一小时就变化的鱼群形状。

利用声呐系统，科学家们意外地发现了从海底上升的数以百万计的大西洋鲱鱼每天都会排列队形。从小群体开始，数以百万计的鱼在10分钟内列队穿过乔治海岸北侧数十平方千米的海域。这些集合在一起的正在产卵的鱼类列队的快速性、同步性和规律性表明通过对个体的鱼产生压力，可以使它们加入并与大集团一致。从密度低于每平方米1条鱼开始，它们的密度快速变成了高达每平方米8条鱼。

在智利和秘鲁中部及北部海岸海底的低氧区，纤丝状微生物形成的"菌席"覆盖海底接近13万平方千米，其面积相当于希腊的国土面积，这也例证了海洋生物的高丰度。它们是已知的地球上最大的生物群落之一。主要靠甲烷、硫化氢等蓬勃发展的大量的、多样化的微生物群落可能是25亿至6.5亿年前元古代生态系统的活化石代表，这一时期是含氧大气环境之前和过渡时期。在海洋的中部深度，存在一个低氧层，大多数多细胞生物无法依靠这么少的氧气生存。但是形成巨大"菌席"的多细胞纤丝状微生物可以成功地生存下来。最大的纤丝状微生物相当于人类一根头发的一半的宽度，与大多数细菌不同，它们肉眼可见（图1-8）。

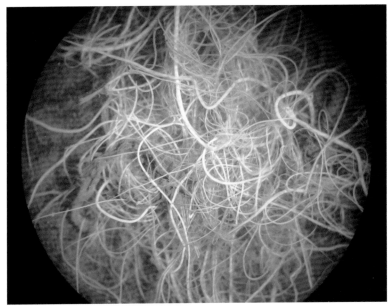

图1-8 智利海底的*Thioploca*属的丝状细菌
图片来源：Victor A. Gallardo and Carola Espinoza

　　海洋生物普查计划的探险家们在加拉帕戈斯群岛、厄瓜多尔和巴拿马及哥斯达黎加太平洋海岸的硫化物渗出口也发现了长细菌，并推测这些微生物形成的"菌席"在海洋中的贫氧层可能从智利南部移动到哥伦比亚。有些东西未知或不可知是因为它们太小而难以被发现，而另一些则因为它们太大。

　　在全球范围内的深海海底，调查结果显示小型海洋生物的高丰度同样无处不在，例如蠕虫（多毛类、线虫）和桡足类以及陆架边缘海和海山的高生物量地区，在那里，含有甲烷和硫的热液从海底流出。

　　虽然自从人类开始沿着海岸收集贝壳以来，一些特定生物类群丰度的变化已显而易见，但是，关于构成一个营养级水平的所有生物是否发生全球性的变化的问题还一直存在争议。目前，人们的注意力主要集中在顶级食肉动物，例如鲸和海豹种群，因为它们在过去发生了衰竭，而现在正在反弹。为此，普查研究人员检查了食物链的底层，即浮游植物。浮游植物能够供给上层营养级最基本的能量，其生产力或者生物量是否发生了变化？从1899年以来远洋船舶间接观测的数据表明，全球浮游植物在下降（图1-9），这一发现虽然还不够完整，但是意义重大。

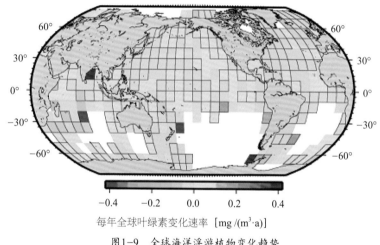

每年全球叶绿素变化速率 [mg /(m³·a)]

图1-9 全球海洋浮游植物变化趋势
图片来源：Daniel G. Boyce及其同事，2010

科学家们利用初级生产力估计海底生物量、有机颗粒物的下降以及海底的地形。总海底生物量地图显示，总生物量有一半由碳组成，沿着不同的温带和寒带海岸线达到每平方米3到10克碳或者每公顷30到100千克碳（图1-10）。通过重量计算，稠密的海底细菌相当于大型海底生命总和的10倍。

约25万种已知的海洋生物分布在广袤的海洋中，但是测量丰度比观测多样性和分布更加困难。多样性在温暖的海水中达到峰值，与之相比，丰度似乎在温和的和凉爽的水域中达到峰值。类似于"微生物席"等生命形式持续被发现。有证据表明，大多数进入人类商业用途的物种数量都会剧烈下降。现在还不知道几千种具有重要商业价值的物种的下降是否会改变全球所有生物的总生物量，但是一项最初的全球性研究显示了海洋浮游植物在20世纪的部分下降。总而言之，我们似乎看到了食物链顶端和底端生物丰度的下降，原因包括捕鱼行为、栖息地的破坏，而海洋温度的变化是最主要的原因。关于全球海洋生物的多样性、分布和丰度仍有很多未解的难题，系统地测量大约25万种已知海洋生物的丰度和微生物的种类仍然是生物海洋学家未来无比艰巨的任务。

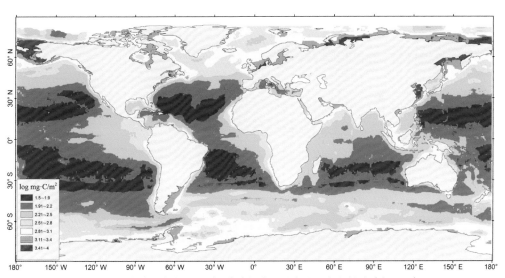

图1-10 全球海底生物量（所有底栖生物碳含量，数据经过对数处理）
图片来源：Chih-Lin Wei和Gilbert T. Rowe等，PLoS ONE，2010

# 第二章
# 海洋生物与海洋碳循环
## ——减少大气二氧化碳的贡献者与海水二氧化碳增多的受害者

## 引　言

在科幻小说中，我们常见"碳基生命"或"硅基生命"这样的词汇，它们往往用来区分地球生命与外星人或者未来生命形式。事实上，碳是已知所有生命形式的关键基础元素之一。以碳元素为骨架而形成多种多样的有机物大分子，最终构成生物体的亚细胞结构、组织等，实现结构支撑，能源物质储存、转化等多种功能。例如在人体中，碳元素含量占据人体干重的18.7%左右，其含量仅次于氧元素位居第二位。无怪乎有人形象地将地球生命称为"碳基生命"。如果将浩瀚宇宙中的生命比作瑰丽的乐章，那么"碳"即是其中最为璀璨、有力的音节。

## 海洋中的碳——谱写生命的赞歌

让我们回到几十亿年前的地球，据科学家推测，地球约形成于45亿年前，而有证据表明，生命形成于35亿年前，那么这10亿年的漫长时光里，究竟发生了什么使得生命的形成成为可能呢？答案就在古海洋中。约在46亿年前，地球刚刚从太阳星云形成，初生的地球，在继续旋转和凝聚的过程中温度不断增高，重物质沉向内部，形成地核和地幔，而较轻的物质则分布在表面，形成地壳。此时火山爆发频繁，从火山喷出的气体，构成地球的还原性大气。水是原始大气的主要成分，由于当时地表温度高于水的沸点，所以水都以水蒸气的形态存在。之后，地表不断散热，水蒸气被冷却又凝结成水。随着地球内部温度逐渐降低，地面温度终于降到沸点以下，于是倾盆大雨从天而降，降落到地球表面低凹的地方，就形成了江河、湖泊和海洋，即原始海洋。由于原始大气化学演化过程中所形成的氨基酸、核苷酸、核糖、脱氧核糖和嘌呤等有机分子都随着雨水冲进了原始海洋，其中的有机大分子要比现在海洋中的丰富得多，这为生命的诞生创造了必要的条件。经过漫长的十几亿年的演化，生命终于得以在海洋中孕育！这一重要的历程是无机碳—有机碳大分子—生命的跃迁。当然，后来海洋生命又经过数次爆发、灭绝、演化的周期，宏大的生命图景逐渐展开，终于形成了现在壮观的地球生命景象。直到现在，海洋碳循环过程对地球气候调节、生命系统支持、海洋产出等仍具有举足轻重的作用。本章主要从海洋碳循环过程中的重要部分——生物泵以及现在全球海洋由过量二氧化碳引发的海洋酸化现象入手，探讨生命元素碳的奇妙海洋旅程。

# 海洋碳循环过程

全球碳循环是一个非常复杂的生物、化学过程，土壤、大气、海洋、陆地植被、化石燃料等均参与了这一过程，而海洋碳循环在其中扮演了一个至关重要的角色（图2-1）。如果把整个海洋看作一个碳元素的大仓库（事实上"碳库"也是科学家常用的词汇），那么碳元素主要以两种形态储存着：无机碳及有机

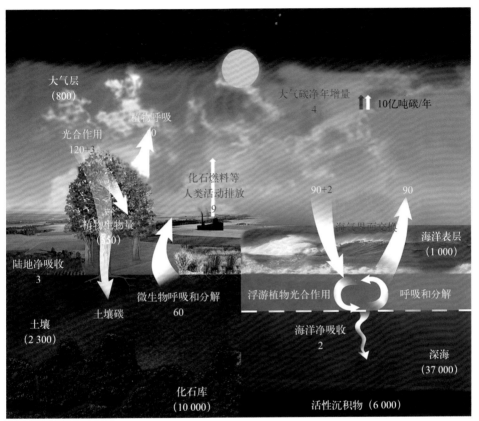

图2-1　全球碳循环示意图（括号中的数值表示碳库，红色表示人类活动释放的碳）

碳。前者主要是二氧化碳溶解于水所形成的碳酸盐复杂平衡体系，包括二氧化碳、碳酸氢根、碳酸根等；后者则又包括溶解有机碳和颗粒有机碳（含生命有机碳），而其中量最大的当属溶解有机碳，对我们而言最为显眼的生命有机碳量反而最少。

工业革命以来人类活动（主要为大量使用化石燃料等）加剧了大气二氧化碳的增长态势，而海洋作为重要的碳汇，可以吸收50%左右增加的二氧化碳，这对缓解由于二氧化碳之类的温室气体增加而引起的全球变暖等气候变化具有重要意义。而海洋之所以能够实现净碳汇，"生物泵"的作用功不可没。

# 海洋生物泵

简单来说，海洋生物泵（图2-2）指的是在海洋中由生物主导的将大气中的碳向深海（海底）转移、埋藏的过程。这其中涉及如下几个重要的生态过程与现象。

## 初级生产过程

海洋初级生产的过程将大气中的无机碳通过光合作用合成为生物体有机碳，这个过程占据整个地球固碳量的一半左右，其中80%左右在广阔的大洋中进行，而剩余的部分主要在上升流区域实现。

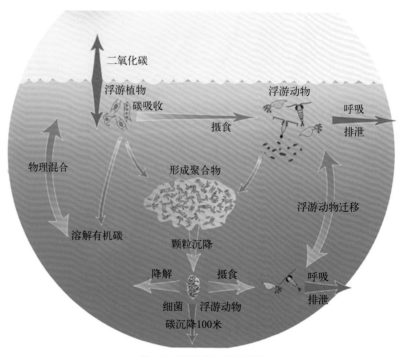

图2-2 海洋生物泵示意图

## 碳的钙化过程

生物体除了通过光合作用将无机碳转化为有机碳之外，还可以通过"钙化"过程形成非溶解性无机碳，比如颗石藻、有孔虫等微型浮游生物以及较大的海洋生物，如贝类（双壳、螺类等）、珊瑚虫等，钙化过程通过下列化学反应式进行。

$$CO_2 + H_2O \rightarrow H_2CO_3 \rightarrow H^+ + HCO_3^-$$

$$Ca^{2+} + 2HCO_3^- \rightarrow CaCO_3 + CO_2 + H_2O$$

含有钙质骨骼的微型浮游生物最终可以沉降海底，从而使得上层水体中的碳转移甚至埋藏至海底，这部分碳通量不容忽视，在有的大洋海底，底质几乎全部由浮游有孔虫骨骼构成；而贝类的碳酸盐骨骼一经形成便很难由细菌等分解从而难以重新利用；此外有些养殖或者渔获的贝类相当于由人类将固定的碳汇转移出来，这一部分也占较大比例。

## 海雪

如果你是一位潜水爱好者，会亲身感受到：下潜越深，周围越暗。事实上也是如此，光线在海水中随着深度增加急剧衰减，如果是在悬浮物密度大、藻类繁盛、浑浊度较高的海水中，光的衰减速度更快，以至于在几米深的水下，已经是漆黑一片，潜水员们不得不打开手电筒才能看清周围情况；即便在清澈的大洋，光线在100～200米水深处也已衰减殆尽。

众所周知，海洋中的浮游植物——微藻进行光合作用生产有机物必须依赖光，离开了光，它们便只能消耗、分解有机物并释放二氧化碳而非合成有机物；而光线随着深度衰减，因此海洋生

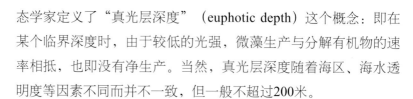

态学家定义了"真光层深度"（euphotic depth）这个概念：即在某个临界深度时，由于较低的光强，微藻生产与分解有机物的速率相抵，也即没有净生产。当然，真光层深度随着海区、海水透明度等因素不同而并不一致，但一般不超过200米。

在临界深度以下，幽暗、寒冷的海底深处，既然没有浮游植物的初级生产过程，那么，海底是否一片贫瘠？事实上，在100多年前人们还普遍认为深邃的海底不存在生命，直到1872年至1876年英国皇家学会组织的"挑战者"号历时5年的环球航行采集到大量的深海生物标本，丰富多样的深海生物才正式进入人类视野。后来的深潜器技术使得人类又认识到冷泉、热液口等独特的生态系统，它们依靠化能合成作用而非光合作用为整个生态系统提供能量支持。那么问题随之而来：无法依赖化能合成能量的深海生物的食物从何而来？

答案就是海雪（marine snow）。简单地说，海雪（图2-3）指的是由上层水体向海底降落的颗粒状有机物质。如同秋季树叶凋零一样，上层水体中的动植物每时每刻也会因死亡而向下沉降，它们的尸体一部分被细菌分解为可溶解的有机物仍存留在水体；一部分难以分解或来不及分解的组织、碎屑等可与粪便、砂以及其他无机灰尘而结合形成颗粒状的有机形态。这些颗粒形态

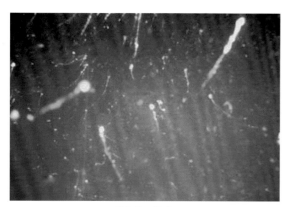

图2-3 海雪
图片来自网络

各异，大小不一，多为50至1 000微米，但也有到厘米级别的，它们在水中伸展开的姿态以及缓慢的下降速度都让人联想起雪花，这也是它们得名的原因，有些海雪颗粒甚至需要几周的时间才能

沉降到海底。连续不断的海雪沉降可以为深海生物带来丰富的食物，其中包含的大量有机碳也随之被转移到深海，未被利用的海雪有机碳还可能会沉降覆盖海底，据估计全球有70%左右的大洋底部覆盖着海雪沉降形成的厚厚的软泥地毯，每百万年大洋底部可以积累高达6米的海雪沉积。

大多数海雪颗粒是由较小的有机颗粒通过一种名为透明细胞外多糖（transparent extracellular polysaccharide，TEP）的"黏合剂"连接聚集在一起的，这种黏合剂主要由浮游植物或细菌分泌，而浮游动物，如海樽、住囊虫或者翼足类等胶质生物也可以分泌一些黏合剂，促进海雪颗粒的形成。在海雪颗粒的下降过程中，粒径可能逐渐增大，也会被一些滤食性的浮游动物摄食，或者被细菌分解，但仍有相当部分的海雪颗粒最终到达海底。非常有意思的是，由于海雪颗粒富含有机物、细菌、微型浮游植物、浮游动物等喜欢聚集在颗粒的周围及内部，甚至形成独特的微生态系统，难怪有人将海雪颗粒比喻成海洋中的微型岛屿。

综上所述，海洋生物泵通过浮游植物吸收大气二氧化碳，通过钙化与形成海雪的方式最终将大气二氧化碳固化在生物体（壳）或深海海底，从而达到碳汇的效应。可以说，如果没有海洋生物泵，现在气候变化的严峻程度恐怕是不可想象的。

# 海洋酸化

众所周知，健康人体的血液酸碱度基本保持稳定：事实上，血液正常pH值范围为7.35~7.45，如果血液pH值下降0.2个单位，机体的输氧量就会减少69.4%，并造成整个机体组织缺氧，导致严重的疾病。与之类似，海洋作为地球上最大的缓冲体系，其pH值在漫长的地球历史中很少出现急剧变化；然而近几十年来，大量海域出现pH值下降的现象，且变化速率之快远超历史水平，海洋学家将此现象称为"海洋酸化"。尽管pH值下降幅度相对较低，然而大量观测与实验证据表明，海洋酸化的影响范围之广、程度之深超乎原有想象，成为我们不得不直面的重大海洋生态难题。

自18世纪工业革命以来，大气中二氧化碳的含量从工业革命前的$267 \times 10^{-6}$（百万分比浓度）升高到当前的$380 \times 10^{-6}$，按现有态势预测，到21世纪末其浓度将升高到$800 \times 10^{-6}$。海洋以每天30万吨的速率吸收大气二氧化碳，迄今为止，海洋大概吸收了人类活动所排放二氧化碳总量的1/3，这极大地减轻了大气对于气候变化的压力。然而，海洋这个"碳汇"减缓全球变暖却是以自身"酸化"为代价的。因此，人类活动排放的二氧化碳不仅产生温室效应，还将造成海洋酸化（ocean acidification，OA）。这一被称作"另一个二氧化碳难题"的议题于近年来逐渐受到关注，其严重程度及导致的生态效应远远超出之前的认知。

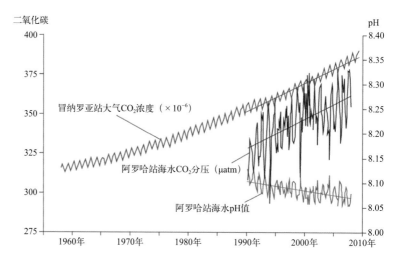

图2-4　海洋酸化的观测实例之一：夏威夷冒纳罗亚观测站记录的大气二氧化碳与阿罗哈站记录的海洋表层二氧化碳分压以及pH值的长期变化时间序列数据

**误解与澄清**

误解1　具有较高pH值的溶液呈碱性，不具有"酸性"（acidity）。

澄清：pH值是衡量溶液酸性的重要指标，即便是pH>7.0的"碱性"溶液，只是表明氢离子的浓度较低，溶液仍可以说具有酸性；此外，"碱度"是海洋化学中专门的概念，用于描述海水离子的中和能力，与碱性的概念不同。

误解2　海洋酸化是指海水呈现酸性或者逐渐变为酸性。

澄清：海洋"酸化"是指海洋pH值的一种长期（通常指10年际或更长时间）降低趋势，而非字面意义上的"酸性"。值得注意的是，目前海水仍然呈现碱性，且根据严密评估，未来海水呈现严格意义上酸性（pH< 7.0）的可能性极低。

误解3　既然海水pH值的变异很大，海洋酸化的这点变化没什么。

澄清：短期监测（天、周、月等尺度）发现海洋pH值具有较大变异，甚至远超海洋酸化中长期变化的程度（0.1至0.2个单位），这是由于近海pH值受到多种因素影响：淡水输入、底栖生物的扰动对海水化学平衡的影响等；然而，海洋酸化所描述的相对缓慢、基于平均状态的酸度增加，会在长时期内影响到海洋光合作用、呼吸等生态过程的基线（base line），酸化效应的影响是巨大的。

# 海洋酸化的生态效应

## 对钙化生物的影响

海洋酸化最突出、最直接的生态效应在于对海洋钙化生物的影响。海洋钙化生物（calcifying organism）种类繁多，涵盖食物链的多个层级，包括颗石藻、有孔虫、珊瑚、贝类、翼足类、甲壳类等，它们分泌方解石（calcite）或文石（aragonite）以形成自己的骨骼和外壳。海水中溶解的过量二氧化碳会导致一系列碳酸盐缓冲系统平衡的改变：溶解态二氧化碳、总溶解无机碳、碳酸氢根离子（$HCO_3^-$）增加，而pH值、碳酸根离子（$CO_3^{2-}$）降低、碳酸钙的饱和状态下降。对于不同生物种类的钙质外壳或骨骼形成，以上的一种或几种过程将产生影响。因此，海洋酸化意味着钙化生物在形成外壳时可能会遇到困难（如钙化速率减缓），或者骨骼、外壳会因此发生不同程度的溶解，从而对其生存、生长、繁殖与分布等均造成严重威胁，其中各类生物的幼体阶段对海水化学变化尤为敏感。

**珊瑚礁**

作为重要的钙化生物，珊瑚分泌钙质外骨骼，形成庞大的珊瑚礁三维结构，吸引了令人惊叹、多姿多彩的生物。珊瑚礁生态系统以其生物多样性以及空间异质性、复杂度等，可以媲美陆地中的热带雨林生态系统，同时提供诸如旅游、渔业等经济社会生态服务功能。然而，珊瑚礁生态系统的多样性同时蕴含了其脆弱性，海洋酸化对该生态系统的不同组分的影响通过食物关系、栖息地破坏、代谢改变等方式在生态系统中传递甚至得到放大。因此酸化环境下，珊瑚礁生态系统首当其冲，同时珊瑚礁区域巨大的碳酸钙质结构对于酸化的响应也最为直观（图2-5）。

酸化状态下珊瑚礁生态系统的退化可能产生巨大的社会、经济损失。例如，单纯从旅游业角度，珊瑚礁旅游观光产业在加勒比国家及东南亚等国占据重要地位，甚至占据有些国家经济总量的一半以上；即便在该产业不起眼的欧美国家，依然有每年几十亿美元的份额。珊瑚礁海域渔业资源丰富，仅就亚洲而言，每年珊瑚礁海域可为10亿人口提供约1/4的鱼类食物；此外全球各水族馆中的大量观赏鱼类来自珊瑚礁海域。珊瑚礁对某些国家近岸岸线的保护作用也正受到酸化及全球变化的挑战。

$375 \times 10^{-6}$
$+1°C$

$450 \sim 500 \times 10^{-6}$
$+2°C$

$> 500 \times 10^{-6}$
$> +3°C$

图2-5 科学家预测珊瑚礁生态系统在不同二氧化碳水平、升温幅度情景下的表现

本图引用大堡礁附近的珊瑚礁生态系统做比喻，用以说明海洋酸化和全球变暖状态下珊瑚礁生态系统的响应，可见海洋酸化破坏性的严重程度

### 其他钙化生物

颗石藻是一类单细胞藻类，体表覆盖着重叠的钙质板，在除极区外全球大量海域均有分布，且可在有些海域形成季节性水华。目前已经发现有些种类在酸化条件下的钙化速率剧减，而其光合作用速率则在过量二氧化碳刺激下表现出升高的趋势，因此，未来该类生物对酸化的响应过程可能比较复杂。由于不同颗石藻种类的钙化程度不同，有科学家称，颗石藻类生物对酸化的响应可能主要在于不同种类得益或受胁情况下整个类群组成的改变，而非个体的生理变化。

有孔虫是一类微小的分泌钙质壳的浮游动物。大约50%的大洋沉积碳由浮游有孔虫贡献，它们在海洋碳生物泵中占据至关重要的地位。关于此类生物对酸化的响应研究较少，然而也有证据表明该类生物的钙化速率在酸化条件下出现明显降低。

除此之外，还有大量有关贝类的相关研究表明，不同种类表现出不同的响应。有研究发现，有些养殖贝类在酸化状态下出现减产现象，极区的翼足类等表现出显著的生长受胁。总之，不同种类对酸化的响应不同，本身也是酸化的一个重要负面影响，这将导致现有的群落结构发生改变，其中有些关键种的改变将可能危及整个生态系统（图2-6）。

## 对非钙化生物的影响

以往人们认为海洋酸化仅对钙化生物产生影响，然而越来越多的研究表明，海洋酸化对非钙化生物也会产生直接或间接的影响。由于海洋酸化改变了海水pH、碳酸盐体系平衡以及水体二氧化碳含量，除了钙质外壳或骨骼受到影响，海洋生物的体内酸度调节、呼吸、生长等其他生理过程也将受到不同程度的胁迫；此外，非钙化生物可能受到酸化环境下遭受破坏的栖息地及食物条件的间接影响。

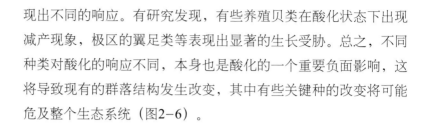

### 海洋酸化实例——北极

高纬度海域的酸化现状已经对某些重要生物类群产生重要影响。例如，北极海域的翼足类与海蛇尾已经受到严重危害。在海洋酸化状态下，翼足类的壳会发生溶解，而海蛇尾在重新长出腕足时，会损失大量的肌肉组织，并且其产出后代的死亡率极大升高，在较为严重的酸化条件下，海蛇尾的卵子会在几天之内死亡。北极海域食物网简单、层级很少，这些都会传递到北极海域脆弱的食物网中，产生更为严重的级联效应。翼足类是一系列捕食者赖以生存的主要食物，如大型浮游生物、鱼类、海鸟以及鲸类等，从这个角度来看，海洋酸化对渔业具有巨大的破坏潜力。根据美国商业捕捞数据显示，约有73%的渔业资源以钙化生物或其直接捕食者为食，产值接近30亿美元。除此之外，北极龙虾、扇贝以及蛤等生物的生长速率也已受到严重影响，帝王蟹渔业资源同样受到严峻挑战。

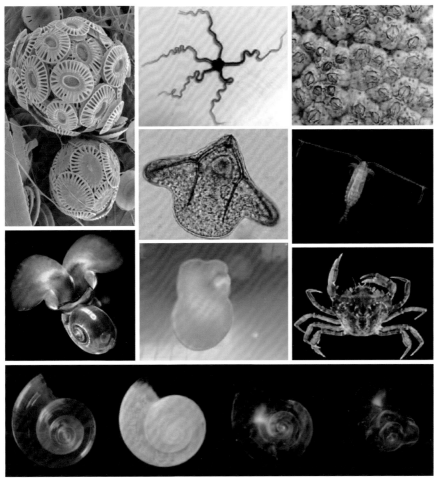

图2-6 一些受酸化胁迫的海洋生物，包括颗石藻、海蛇尾、藤壶、桡足类、蟹、贝类等

综上所述，亿万年来，生命元素碳在海洋中通过初级生产、生物泵、生物沉降等复杂过程完成循环利用，而近几十年来人类活动规模的加剧对海洋碳循环产生重要影响。由于人类排放二氧化碳急剧增加，使得这一碳循环平衡被打破，引发海洋酸化等严重生态问题。目前海洋酸化已成为威胁海洋生态系统健康的重要因素之一，开展相关基础科学研究及采取应对措施刻不容缓。

# 第三章
# 小精灵蕴含大能量
## ——海洋中微小藻类的贡献与灾难

# 引　言

　　无论是英国作家乔纳森·斯威夫特笔下《格列佛游记》中的利立浦特人，还是法国导演吕克·贝松所执导的电影《亚瑟和他的迷你王国》中的迷你墨人，亦或是日本漫画家宫崎骏的作品《借东西的小人阿莉埃蒂》中的阿莉埃蒂，都让我们无法自拔地着迷，也许因为他们的微小、美丽与精致，也许是因为他们用于适应这个世界的智慧和能量。浩瀚的蓝色海洋中也有这么一类生灵，数量众多，但很少有人能知道它们的存在或目睹过它们的模样。直到显微放大技术带来了这样的契机，让从事海洋生态学研究的科学家们得以有机会惊叹它们的美丽与神奇，并为此欢欣鼓舞。这类海洋中的小精灵就是人类用肉眼看不到的直径为几微米到几百微米的浮游植物。

　　如果把海洋生态系统比喻成人体，那么浮游植物就是海洋生态系统血液中的红细胞，它们在全球海洋范围内随波逐流，在适宜的环境条件下繁荣，在恶劣的环境下衰亡或隐匿。浮游植物高度聚集的地方，意味着可能是一个生机盎然、物产富饶的疆域。经典海洋生态系统食物网能量的起点就是从浮游植物

开始的，具有光合作用能力的微小浮游植物把环境中的水和二氧化碳等无机物转化成了储存着能量的有机物，不断壮大自己的队伍并牺牲自身成为食物，才得以将能量沿着食物链在食物网中传递下去，从而支撑起了这个庞大的海洋生态系统。所以，在我们感叹这些小精灵精美外表的同时，也许更需要感激它们对海洋生态系统以及人类的贡献；有它们搭建海洋生态系统能量金字塔的基座，海洋才有了丰富多样的生物资源，人类才能从广阔的蓝色疆域中获得赖以生存的食物（图3-1）。

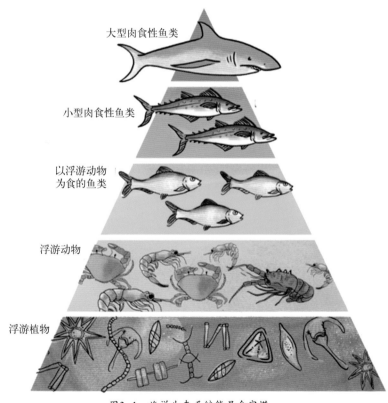

图3-1　海洋生态系统能量金字塔
图片来源：www.mstworkbooks.co.za

说到这里，仿佛耳边响起了一阵祥和的乐章，眼前开始上演歌舞升平皆大欢喜的景象。然而自然界中的剧情也像跌宕起伏的人生，很难令人感到圆满，现实总是有你意想不到的事情发生。正如人体的生命体征偶尔也会因为不适或生病表现出血常规异常一样，海洋生态系统中的"血液系统"也会因为其健康状况体现出数值波动。虽然历史数据中浮游植物数量在长时间尺度上的波动被许多海洋学家认为是海洋生态系统生命力的脉搏，其偶尔的暴发性聚集或增殖正好为海洋生态系统注入了有力的强心剂，使海洋生物群落及其多样性周期性地繁荣昌盛。但是，随着工业化进程的发展，人类活动对海洋污染的加剧，海洋生态系统的健康出现了严重的问题，其"血常规"体征指数也越来越偏离正常值。生物海洋学家们发现，浮游植物以及少数细菌和原生生物，会在海洋环境失去平衡时（例如作为其食物的营养盐大量增加），以其几微米到几十微米大小的个头聚集成上千平方千米的浩荡队伍，使海洋呈现出红色、黄色、褐色等异常色彩的大面积条带或斑块，形成壮观的生态现象展现在人类眼前，这就是海洋生态学家所定义的赤潮（red tide）现象（图3-2）。这些让我们为其美貌和能量惊叹的小精灵突然变得面目狰狞起来，此时我们再已无法感激它们的贡献，而是恐惧它们带来的灾难和警示。

通过观察海洋中各种生物的生活来了解海洋的状况，就是生物海洋学家的研究范畴。赤潮现象的发生给人类带来了警告，当人类对此漠视不管时，它就会形成灾害，对人类的生活甚至健康造成威胁。这些个体微小的生物，像《格列佛游记》利立浦特小人国中的迷你小人让格列佛逃之夭夭，像《亚瑟和他的迷你王国》中迷你墨人对付邪恶的玛塔扎德，这些小精灵为了反映出海洋的环境健康状况，不惜尽其全力上演了一幕轰轰烈烈的悲壮史诗。

图3-2　全球范围不同地区发生的部分赤潮场景

图片来源：www.whoi.edu/redtide

1.南加利福尼亚沿海发生的夜光藻赤潮；2.中国长江口海域的夜光藻赤潮；3.1986年夏季发生于美国纽约长岛的褐色赤潮；4.墨西哥海域发生的夜光藻赤潮；5.蓝绿藻引发的水华；6.中国香港特别行政区发生的夜光藻赤潮；7.新西兰发生的夜光藻赤潮；8.美国弗吉尼亚州发生的旋沟藻赤潮；9.美国俄勒冈州发生的微囊藻赤潮；10.智利原甲藻赤潮发生后产生的泡沫；11.美国得克萨斯州发生的赤潮

# 优美多样的赤潮生物

　　看上去貌似平静祥和的水面下，其实那些只有通过显微镜才能看到的微小藻类过着并不平静的生活，它们以你想象不到的数量和密度分布在阳光能照进的水层中，不停地生长、繁殖、聚集和消散，同时不同种类之间通过共生、捕食和竞争的关系相互牵制、相互依赖。由于这些藻类都主动或被动地漂浮在水体中，所以被称为浮游植物。

　　海洋的浮游植物主要由9个大家族构成，分别是硅藻、甲藻、金藻、褐藻、蓝藻、红藻、黄藻、裸藻、绿藻，它们之间主要根据其体内用于进行光合作用的不同代表性光合色素类型（图3-3）来区分，每个门类中又有许多形态各异的种类。关于浮游植物的分门别类，海洋浮游植物学家持有不同的看法。隐藻原本被归属到甲藻中，而轮藻和原绿藻分别是绿藻和蓝藻中

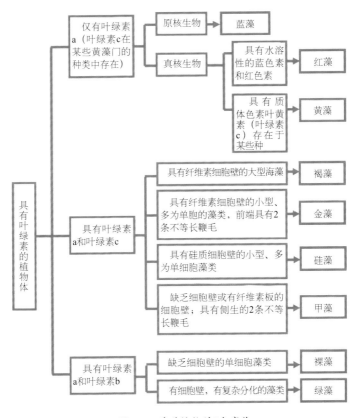

图3-3　浮游植物的9大家族

的成员，随着分类学研究的深入，科学家发现这些种类具有其独有的特征，被放到那几个门类中有欠妥帖，所以被分离出来自成一派，形成了现今12类的分类体系，除了上述9类，还添加了隐藻、轮藻和原绿藻。海洋中浮游植物的种类大约有15 000种，其中180多种浮游植物能够在海域受到污染以及特定的水文或者气象条件下，例如富营养化严重、光照强烈、海面上空气流稳定、海水流动相对停滞等情况发生时，在短时间内大量繁殖聚集形成赤潮，这些种类被称为赤潮生物。目前赤潮生物的种类主要分属于甲藻和硅藻，其次是少数蓝藻、金藻、隐藻和几种原生动物（图3-4）。

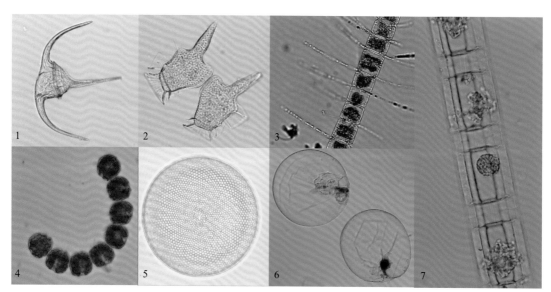

图3-4 常见的赤潮生物种类（拍摄者：罗璇）

1.三角角藻；2.具尾鳍藻；3.密联角毛藻；4.链状亚历山大藻；5.星脐圆筛藻；6.夜光藻；7.波状石鼓藻

# 来自大自然的抗议游行，警钟长鸣

人类对赤潮的记载从远古时代就已经开始了。公元前1400年圣经《旧约·出埃及记》描述了埃及河水里的赤潮现象；日本对赤潮方面的记载可追溯到公元9世纪中期的藤原时代和镰仓幕府时期；1831年至1836年，达尔文在《贝格尔号航行日记》中记载了巴西和智利近海的束毛藻藻华事件。我国的历史资料显示，中国在2 000多年前就发现了赤潮，如清代蒲松龄在《聊斋志异》中就描述过与赤潮有关的发光现象。

当赤潮现象发生时，善于运用显微镜的科学家们就能看到，这些迷你的小精灵士兵就像浩浩荡荡的游行队伍一样，身着不同颜色的迷彩服，使成片或条带状的海洋水体呈现出异常的颜色，例如褐色、红色、黑色等。但是有些科学家通过更加深入的研究发现，也有部分微小藻类是海洋中的特种部队，各自身怀绝技，即使数量很少，无法改变水体的颜色，也足以造成影响巨大的示威效果，使其他海洋生物生病或者死亡，甚至威胁到人类的身体健康。所以，目前越来越多的国家都开始用有害藻华（harmful algal bloom，HAB）这个专门的词汇来描述可能危害或产生毒性效应的赤潮现象，将人们所关注的赤潮定义为"大量增殖或聚集而使海水变色的有毒或无毒藻类以及一些密度不足以使海水变色但因含有藻毒素而对海洋其他生物构成物理或化学性危害的藻类所引发的藻华"。

随着海洋环境的日益恶化，全球范围内赤潮灾害的形势似乎越来越让人悲观，无论从经济影响还是社会影响方面看，大自然都好像正在开展强烈的抗议和报复，给人类带来了沉痛的打击和教训。特别是在我国近海，随着富营养化问题的加剧，即海域因氮、磷等植物营养物质输入量过多而引发了严重的水质污染，赤潮的发生频率和规模呈现明显增加的趋势。从20世纪90年代开始，我国近海海域赤潮发生频率显著上升。2000年至2005年期间，每年记录的赤潮发生次数都在30至80次之间。同时，在渤海、东海、南海海域频繁发生大规模赤潮，如1998年广东、香港特别行政区近海海域发生大规模米氏凯伦藻赤潮；从2000年起东海长江口海域每年都发生世界罕见的大规模东海原甲藻赤潮，面积最大可达上万平方千米，其范围相当于140万个国际足联规定的标准足球场。在赤潮发生频率和规模逐年增加的同时，有毒有害赤潮所占的比例也在不断上升，如2002年5月在东海舟山海域发生了1 000平方千米的亚历山大藻赤潮；2004年6月在天津附近海域发生了3 200平方千米的米氏凯伦藻赤潮；2005年6月渤海湾发生了3 000平方千米的裸甲藻赤潮；2005年5月至6月在东海浙江海域发生了上万平方千米的米氏凯伦藻赤潮；2006年5月在东海长江口海域发生了数百平方千米的链状亚历山大藻赤潮；同年9月在黄海连云港临近海域发生的裸甲藻赤潮等。有毒有害赤潮的发生对我国的社会发展和自然生态安全构成了严重威胁。分别发生在香港特别行政区、珠海桂山岛、深圳大鹏湾南澳海域和浙江南麂列岛的米氏凯伦藻赤潮造成了大量养殖鱼类的死亡，损失分别达到4亿元和3 000多万元。由此看来，我们不得不承认，那就是海洋为人类敲响的警钟，沉重而坚定。

# 小精灵示威游行的导火索

引起小精灵们此起彼伏示威游行的导火索是什么？是什么漏洞或者绿色通道让这些海洋浮游生物群落中的小精灵有机可乘，并如此声势浩大地称霸一方？这些问题一直都是从事赤潮生物研究的海洋学家倾其所能、努力钻研的重要方向。通过政府间海洋组织与联合国海洋研究科学委员会联合发起并组织实施的国际性项目"全球有害赤潮的生态学与海洋学研究"多年来的共同努力，初步得出导致这些小精灵们发起示威游行的原因有以下几点。

## 小精灵种类繁多，分布广泛，具有独特的适应策略

前面已经提到，海洋中的微型浮游藻类种类繁多，其中能够形成赤潮的有184至267种，占海洋微藻种类总数的5.5%至6.7%。不同种类赤潮藻对海洋中温度、盐度、光照等环境条件的适应能力是不同的，因此，它们在全球各地的宜居和分布情况存在差异。有的微藻种类生性矫情，对环境条件的要求比较苛刻，只能在特定海域生长；也有些种类对环境有极强的适应能力，其生存足迹可遍布全球。由于全球海洋水域的相通性，微藻能够搭载海流、风暴等自然"运输机"在不同海域间旅行，如果碰到能让它们一见倾心的生存环境，例如有丰富的食物，天时地利的生活条件等，它们会觉得偶尔暂住下来努力繁殖未尝不是件好事。并且，相对于这种依托自然动力的交流，人类活动所起的输送作用在近年来表现得更加明显。随着人类航海和运输能力的提高以及全球经济的发展，横跨大洋的贸易活动开始影响赤潮藻种在全球的分布。如今，有害藻种在越来越多的海域被发现，可能是通过船舶压舱水或运输养殖生物等人类活动，将有害藻种免费携带和扩散到了更多更广泛的栖息地，从而导致它们在全球范围内广泛传播，影响范围逐渐扩大。

为了能在合适的环境条件下实现暴发性增殖和快速生长，短时间内在浮游生物群落中占据优势地位，每一种赤潮藻都有其独特的适应策略，这些策略在科学家眼中看来也是极其巧妙，

处处充满了大自然的睿智。了解赤潮藻的适应策略，揭晓它们在特定阶段用于争夺营养盐或耐受恶劣环境而战胜其他同类生物的武器，是了解赤潮形成机理的一个重要途径。赤潮藻的适应性策略包括了生长（生长速率快）、复杂生活史（形成具有坚固外壳的孢囊，以休眠的形式度过环境胁迫期，条件适合时再次萌发）、垂直迁移（有助于在最合适的水层获得光照和营养盐）、对营养物质的吸收（大部分普通藻类只能利用海水中的无机营养盐作为基本养分，但有些种类可利用有机态营养物质）、他感作用（抑制竞争对手的生长）等，从而可以在特定条件下形成赤潮。对于有些甲藻来说，当环境中可以获取的营养盐浓度降低时，会激发它们打开一种开展有性繁殖生活史阶段的开关，这些种类就会由通常的无性繁殖二分裂方式变为以有性繁殖为主，形成结合子体。当结合子体感觉到环境条件已经不适合它们生存或繁殖时（如被大量浮游动物摄食或缺乏营养盐、光照），就会变成具有坚固外壁保护装置的孢囊，沉睡在海底的泥土中长达多年，直到适宜的环境将它们唤醒。这些孢囊的外壳会破裂、萌发，并以新的光合活性细胞迅速占领水体，昔日的战士满血复活，赤潮就这样发生了（图3-5）。

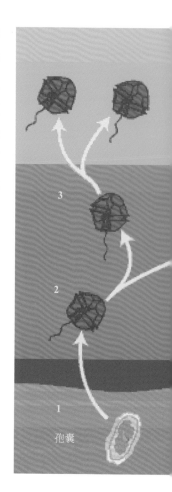

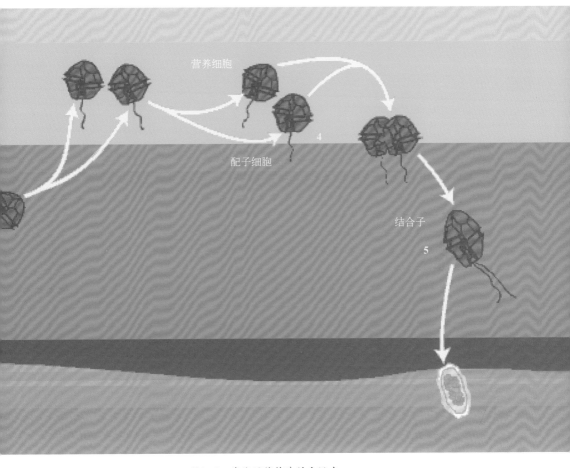

营养细胞

配子细胞

4

结合子

5

图3-5 某些甲藻特殊的生活史

图片来源：Anderson et al., 2005

1. 甲藻的孢囊沉睡在海底的沉积物中，不受任何外界因素干扰，它们可以以这种状态存在数年。当氧气充足并且其他条件适宜的时候，孢囊便开始萌发；2. 孢囊的萌发受许多外在因素的控制，包括温度、光照、氧气浓度。一些种类由本身的"生物钟"控制。当条件最佳时，这些孢囊便破裂开，释放出一个能游动的细胞。在长达几天的"孵化"期间，这些细胞通过简单的无性二分裂进行繁殖；3. 在充足营养盐和最佳环境条件中，细胞呈现指数式增殖。一个单细胞能够在几周内分裂产生几百个细胞。当细胞密度足够形成水华时，同海域中的养殖贝类就可能被污染，其他食用这些贝类的生物乃至人类都可能中毒；4. 当营养盐消耗殆尽，指数式增长停滞，产生配子细胞；5. 两个配子细胞融合形成了一个细胞，并逐渐发展为一个结合子形态，最后形成一个孢囊。休眠孢囊下沉到海底，等待多年后的又一次萌发

## 适宜的海洋物理环境

有害赤潮的形成还受到各种物理环境因子的影响。从宏观效应来看，赤潮的扩散、分布和动态过程会受到环流、潮汐、上升流、水体层化、锋面以及水温、盐度、光照等环境因子的共同作用。从微观效应来看，赤潮藻种的生长也会受到温度、盐度、光照，乃至水体扰动等因素的影响。

一定程度的扰动对于硅藻的生长有促进作用，因为扰动有利于水体的混合，使无法游动的硅藻能通过搭乘海洋中的"水动力车"到达更广阔的空间，并增加其获取食物的机会；甲藻对水体的扰动则非常敏感，它们似乎很不喜欢扰动的环境，因此，甲藻赤潮大多发生在相对稳定的层化水体中。

## 人类活动导致的海水富营养化

海水中的营养盐类（主要是氮和磷）、微量元素（如铁和锰）以及某些特殊的有机质（维生素、蛋白质）是海洋中浮游植物的主要"食物"。当海水中这些物质的浓度值适宜时，将使浮游植物的数量停留在一个能维持海洋生态平衡的水平，既能支撑更高营养级生物的生存，也不至于因数量太少而灭绝。而当这些营养物质浓度严重超标时，就会使浮游植物的生长和增殖失控，并且带来一系列次生灾害效应。所以海水中营养物质的浓度一直都是衡量海水被污染程度的重要指标。富营养化就是指生物所需的氮、磷等营养物质大量进入湖泊、河口、海湾等流速相对缓慢的水体，引起藻类及其他浮游生物迅速繁殖，水体溶氧量下降，导致鱼类及其他生物大量死亡的现象。富营养化现象产生后，大量死亡的水生生物沉积到底部，被微生物分解，从而消耗了更多的溶解氧，使水体溶解氧含量急剧降低，水质恶化。若富营养化过程发生恶性循环的话，其后果更加不堪设想。

随着人类社会的发展和工业化进程的加速，经河流输入近海的生活污水、农业和工业废水也越来越多。与工业化以前的时期相比，近海海域中磷的输入量增加了大约3倍，氮的输入量增加得更多，显著提高了近海营养物质的浓度，促进了海水中微藻的生长，也对赤潮的形成更加有利。在许多富营养化严重的区域，如日本的濑户内海，有害赤潮发生的次数与海水中营养物质的浓度呈现明显的相关关系，而在削减营养物质输入后，有害赤潮发生的次数也随之下降。

人类活动不仅改变了海水中营养物质的浓度，也使营养物质的结构发生了变化。如3种主要的营养盐物质，即氮、磷、硅之间的比例发生改变以及有机态营养物质（如尿素等）在整个营养物质中所占比例呈现上升趋势。与营养物质浓度变化相比，营养物质结构的改变则更容易使浮游植物群落中的优势类群发生更替，一些具有特殊生活史策略的甲藻可能会乘虚而入占据优势地位，并形成有害赤潮。例如，对于德国近海来说，氮、磷营养物质的输入量增加，使得氮与硅的比值和磷与硅的比值显著上升，硅的相对低浓度制约了硅藻的生长，而一种叫波切棕囊藻的机会主义者，就在此时形成了赤潮，并开始频繁暴发。在中国香港特别行政区吐露港以及其他海域的情况亦是如此，氮与磷比值的下降使得甲藻赤潮更易发生。在美国切萨皮克湾还发现，有机态营养物质所占比例的增加也会促进甲藻赤潮灾害的发生。

另外，海水中营养物质浓度与结构的改变还可能会影响赤潮的危害效应，尤其是能够产生毒素的赤潮藻。科学家通过开展模拟实验，发现有毒藻毒素的产生受到氮、磷等营养物质的影响。然而，自然海域中营养物质浓度与结构的长期变化对赤潮藻毒性和危害效应的影响依然是个尚未揭晓的谜题。

## 全球气候变化的作用不可忽视

气候的短期波动和长期变化，也会通过对水温、盐度、营养物质等环境因子的控制而影响有害赤潮的发生。厄尔尼诺等导致的短期气候波动对赤潮发生规模和时间的影响在许多区域都得到了研究和验证。同时，通过对沉积物中孢囊的分析，人们发现很久以前就有赤潮发生，而且赤潮发生的规模存在100至1 000年的大周期变动。对以往记录的分析结果告诉我们，水温升高对于赤潮发生频率和规模都有影响，由此可以推断全球变暖这一长期气候变化趋势对于有害赤潮在全球范围内的增加可能也起到了一定的促进作用。对于赤潮藻种的模拟实验也表明，不同赤潮藻种对于水温的上升表现出了不同的反应，表明全球变暖也有可能会导致重要赤潮藻种的演替。

# 富营养化
## ——海洋也会患上肥胖综合症

随着海洋环境问题的日益严重，"富营养化"（eutrophication）这个术语已经越来越频繁地被提及。

1992年以来科学家们一直在共同致力于逐步丰富"富营养化"的定义，在此基础上，美国"国家河口富营养化评价"项目（NEEA）的专家们在2004年提出："富营养化是由于营养盐输入的增加而使水体的生产力（根据有机物来衡量）增加的一个自然过程。但近几十年来各种人类活动大大增加了营养盐的输入量。'文明富营养化'（culture entrophication）或'营养盐过富'（nutrient over-enrichment）是指与人类活动有关的排入水体的营养盐量的增加和组成的改变，导致水体中有机物（尤其是藻类）的加速累积。这种累积可产生一系列的后果，包括有害和有毒藻华、溶解氧耗尽和水下植被及底栖动物损失。这些效果是互相关联的，并通常被认为对水质、生态系统健康和人类利用具有负面影响。环境管理应关注的是人为增加的那部分营养盐对环境是有害的。"这个定义不仅强调了人类活动对富营养化的影响，而且强调了除营养盐的通量外，营养盐组成的改变也将对富营养化产生影响；全面地指出了富营养化产生的负面效应，并提出了环境管理需要关注的利害关系和重点。这是迄今为止关于富营养化的最为全面和恰切的定义。

引起海水富营养化的原因既包含自然因素，也包含人为因素。由自然因素引起海水富营养化的情况很少，并且这一过程往往需要几十年甚至更长时间。因此，由人为因素造成的海水富营养化就成为人们关注的焦点。人类活动，如农田大量施用的化肥随降水排入河流汇集入海，工业废水和城市生活污水直接和间接排入海洋，海水养殖（包括滩涂养殖）的废物和废水，是导致富营养化发生的罪魁祸首。值得注意的是，人类活动导致的空气污染，如悬浮颗粒物浓度的增加也大幅度加速了大气氮化物的沉降，使氮随降水过程进入了海洋。

富营养化的形成过程，就好像人类活动长期投喂给了海洋大量的垃圾食品，使海洋患上了肥胖症一样，接踵而来的便是如下形形色色的肥胖后遗症。

## 浮游生态系统成员的多样性减少

富营养化的直接影响是提高了浮游植物的生产力和生物量，尤其是鞭毛藻类。相应地，以这些浮游植物为饵料的浮游动物的生产量也会大量增加，尤其是桡足类和甲壳动物。在浮游植物或动物生物量增加的同时，不仅它们的非优势种类的种群数量将减少，而且浮游植物的群落结构也将发生改变。例如，在水体富营养化之前通常是硅藻占据支配地位；而在水体富营养化之后，更易产生有毒有害赤潮的鞭毛藻类有可能占据支配地位。

## 剥夺了底栖生态系统中的光和氧气，底部居民大量死亡

随着营养盐的耗尽，藻类便出现大量死亡，并且水体中有机物大量向底层转移，从而增加了底栖动植物的食物和养分。但是，水体中藻类的大量繁殖也同时降低了海水的透明度，从而限制了生活在较深水层的大型植物（如褐藻和红藻）的生长和繁殖。

由于沉降到底层的有机物在分解过程中消耗了大量溶解氧，同时溶解氧也被底栖动物用于繁殖和生长所吸收，因此，在一些垂直对流弱和水体交换状况差的海区，氧的消耗量就可能超过供应量，从而使底层水体处于低氧或厌氧状态。鱼类和许多底栖动物不能在低氧或厌氧环境中生存，而且厌氧环境中会产生一些像硫化氢之类的有毒气体，导致底栖生物大量死亡，这又为厌氧细菌提供了大量高质量的食物使其繁殖更为迅速，从而形成了恶性循环。

## 整个生态系统结构和生物分布的平衡状况发生改变

水体富营养化在改变浮游植物结构的同时，也改变了整个生态平衡。例如，在水体富营养化之前通常是硅藻占支配地位，这时鲑鱼等高等鱼类的生产量较高；而在水体富营养化之后，鞭毛

藻类有可能占支配地位，这样食植动物增加，食肉动物减少，高级鱼种开始减少，低级的普通鱼种增加，这对当地的渔业生产显然是非常不利的。

此外，在浮游植物和浮游动物生物量增加的同时，它们的种群数量将减少。由于海水富营养化，生存环境变得越来越只适合于少数种类的生长，生物多样性减少，破坏了原先的生态平衡。

## 自然沉积过程的加速和改变

大量死亡的浮游植物在沉降过程中同时也吸附了大量悬浮物一同沉到海底，从而改变了海域的沉积模式和沉积物结构以及沉积物氧化还原状态和生物地球化学过程。

## 人类健康和生活受到影响

水体富营养化引起的有毒赤潮之毒素可富集在贝类等海洋生物中，人类食用后可引起中毒事件的发生，从而威胁人类的身体健康。

富营养化引起的有害和有毒赤潮的暴发，将严重影响海滨的景观，对当地旅游业造成不利影响；大量的藻类可堵塞工业冷却水管道，对工业用水造成影响；此外大量藻体的堆积还可能加速河口、海湾和潟湖的填埋和消失。

# 赤潮带给人类的惩罚

海洋对人类活动的无声抗议不仅仅表现为声势浩大的游行队伍，还将对人类施以沉痛的教训和打击。它们不仅仅只是改变海水的颜色，还会从更多方面以强硬、冷酷的手段让人类自食其果。有害赤潮的发生究竟给我们带来了哪些看得见或看不见的影响和效应？意大利的Zingone和丹麦的Enevoldsen对此进行了以下几点论述。

## 直接危害人类身体健康和生命安全

有些有害赤潮藻种能产生毒素，如常见的麻痹性贝毒（paralytic shellfish poisoning，PSP）、腹泻性贝毒（diarrhetic shellfish poisoning，DSP）、记忆缺失性贝毒（amnesic shellfish poisoning，ASP）、神经性贝毒（neurotoxic shellfish poisoning，NSP）和西加鱼毒（ciguatera fish poisoning，CFP）等。PSP毒素是迄今为止在世界上分布最广、危害最大的一类赤潮生物毒素，已经发现的PSP毒素衍生物多达20余种，它主要作用于神经细胞和肌肉细胞的钠离子通道，能快速导致神经和肌肉麻痹，最终中毒生物会因呼吸肌麻痹窒息而死。DSP的主要毒素成分能够导致腹泻，同时它也可能是一种潜在的肿瘤促进因子，能导致肿瘤的产生，但是其长期毒性效应还有待于进一步探索。ASP的活性成分是软骨藻酸，它能够引起中枢神经系统海马区和丘脑区中与记忆有关区域的损伤，导致记忆丧失。NSP影响范围较小，主要分布在美国墨西哥湾一带，近年来在欧洲、新西兰等地也有报道，它能够作用于钠离子通道，产生毒害作用。另外NSP还有一种非常独特的致毒途径：由于产毒藻细胞非常脆弱，极易破碎并释放出毒素，进入海水中的毒素能够形成气溶胶，作用于人类的呼吸系统，导致人类中毒并出现类似哮喘的症状。CFP是海洋珊瑚礁鱼类体内常存在的一类神经性毒素，与NSP毒素的致毒机理相同，通过作用于钠离子通道而产生危害效应。随着人们对赤潮藻毒素的日益关注，近年来又不断有新的毒素被发现。如1995年在荷兰发现的原多甲藻酸贝类毒素（azaspir acids，AZAs），目前对AZAs的致毒机制还不是十分清楚，但通过小鼠生物测试实验发现，AZAs能够造成多个器官损伤。另外一类新毒素是1991年在加拿大新斯科舍省发现的螺环内酯毒素（spirolides，SPXs）。这类毒素具有很强的生物活性，经腹腔注射后能够很快导致小鼠死亡，但对它的作用机理目前还不清楚。

上述这些毒素可以经由食物链在滤食性贝类及植食性鱼类体内积累，人类食用后会发生中毒甚至死亡。由PSP和DSP毒素等造成的人类中毒事件在北美、西欧和亚太海域普遍发生，对人类的健康和食品安全构成了很大威胁（图3-6）。

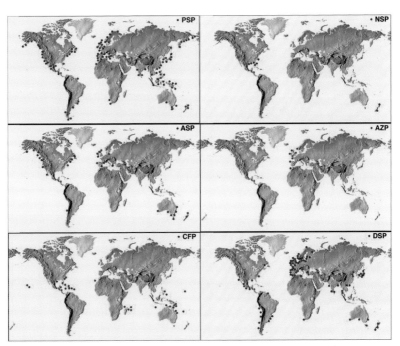

图3-6 赤潮毒素在全球范围内的报道（更新至2012年7月）
图片来源：www.whoi.edu/redtide

## 对自然和养殖经济性海洋生物产生影响

除了产生毒素之外，还有部分微藻，如扭角毛藻（*Chaetoceros convolutus*），其藻体本身具有独特的结构，类似于外部武器装备，能够给鱼类及其他无脊椎动物的鳃带来机械性伤害。也有部分微藻，如米氏凯伦藻（*Karenia mikimotoi*）等，能够产生具有溶血活性或细胞毒性的物质，接触后会损伤鱼鳃组织。还有一些藻类本身没有危害效应，不会产生毒素或者对其他海洋生物造成直接损伤，但是如果大量繁殖，会导致水体理化特征发生急速改变，如降低水体溶解氧水平等，也会对海洋生物和海洋生态系统构成间接危害。这些赤潮的发生都能够直接作用于海洋经济生物，导致养殖生物的大量死亡，给人类社会带来严重的经济损失。另外，正因为中毒事件的频繁发生，有些国家或地区的消费者渐渐地对水产品食用安全性产生怀疑和恐惧，严重制约了养殖业的持续发展。

## 长此以往，影响海洋生态系统健康

前面已经提到，一些有毒赤潮藻种产生的毒素能够沿着海洋食物链传递到较高的营养级，导致高营养级海洋生物中毒和死亡，如PSP毒素、NSP毒素等造成的海洋哺乳类或鸟类中毒事件都曾被报道过。无毒赤潮也会危害海洋生态系统，在赤潮藻种达到一定密度之后，会降低光线透过率，影响海草床或珊瑚礁的生长。更糟糕的是，大规模赤潮消退之后，像腊月大雪一般的死亡藻细胞向下沉降并分解，迅速消耗掉底层溶解氧，使海底出现低氧甚至无氧区，严重威胁到了底栖生物的生存。许多科学家认为，赤潮频发其实是大自然发出的一个危险信号，它预示着赤潮高发区的海洋生态环境已经受到了严重的干扰，生态系统的正常结构和功能可能已经或正在被改变，而生态环境一旦失衡恶化将很难在短期内恢复。近年在我国渤海、东海某些海域发现水母灾害比往年暴发更频繁，而鱼虾资源却大量减少的现象，这很可能与基础饵料改变，甲藻类赤潮生物的异常增殖而使食物链演变有关。

另外，从景观美学方面看，有害赤潮的发生还会影响近海的旅游和娱乐功能。赤潮发生后海水水质会受到影响，水色改变，而且部分赤潮能够产生浮沫、异味等，使旅游区原本清新浪漫的景色不复存在，给景区旅游业造成了很大的经济损失，也降低了人类旅游时的幸福度。

# 氧气匮乏的世界

海洋水体中的溶解氧与大气中的氧气一样，对海洋居民的生存和生物圈的存在是必不可少的。所以，它是海洋学家们密切关注的重要海水理化性质参数之一，可以用来评价海洋环境的质量。海水中的溶解氧主要来自空气中分子态氧在海气界面的溶解并经由水体的垂直混合与水平流动作用的扩散，或通过水体真光层中浮游植物的光合作用产生。但是，近年来"缺氧事件"和"低氧区域"却成为人们日益关注的话题，也成为海洋学家争相讨论的研究热点。

低氧区（dead zone）这个术语最初源于路易斯安那沿岸的渔民，当路易斯安那沿岸水体的溶解氧浓度低于2毫克/升时，渔民无法用拖网捕捞到虾或者其他底栖生物，因而将这一水域称为死亡水体（dead waters）。现在通常所说的低氧，是描述氧气缺乏情况下的状态或生物、化学过程对缺氧状态的响应，受到生物种类和环境等具体因素的影响，比如在有的海域，当水体中溶解氧值低于 2毫克/升的时候，底层拖网几乎捕获不到任何鱼类。于是有科学家认为，当水中溶解氧低于这个值后，鱼类等游泳动物可能就已经搬家转移到了其他栖息地，故将低氧的阈值定义为2毫克/升。

虽然海洋中生物的呼吸作用会消耗大量的氧气，但是相较于底层水体有机物降解或腐烂过程中消耗的溶解氧来说，呼吸耗氧的量还是微乎其微的。底层水体中的有机物主要包含自然沉积的有机质和死亡的动植物尸体。另外当水体的季节性层化现象发生时，底层水体就无法与表层水体进行交换，底层溶解氧在消耗后得不到有效补充更加剧了缺氧的速度。虽然已经明确有机质的降解是水体溶解氧消耗的主要生物因素，但在近海，尤其是导致河口水体缺氧的有机质来源一直是个备受争议的话题。例如在墨西哥湾，由密西西比河与阿查法拉亚河输入的溶解态有机碳（dissolved organic carbon，DOC）达到了每年200万吨至310万吨，其中，有高达60%的DOC会抵达厌氧区。但科学家发现，经河流输入的DOC在经过620天的细菌分解实验后，仅有34%的DOC发生了分解。而且河流输入的DOC在真光层内比较容易被光降解，而溶解态有机氮（dissolved organic nitrogen，DON）也被降解成了氨氮，相对来说，只有相当少的一部分有机质能够被底层细菌利用，所以他们认为河流输入的有机质对低氧区的贡献是极其微小的。相反，越来越多的证据显示，低氧的形成与水体现场的初级生产力息息相关。

其实，缺氧现象在地质年代一直存在着，但是人类活动大大加快了这个过程。随着工业化的发展，大量的营养盐输入到近海与河口水域引起富营养化，表层水体短期内滋生的大量浮游植物在衰亡后沉降到水底，底层有机质的分解消耗大量溶解氧，从而为低氧区的形成奠定了生物基础，在物理条件成熟的情况下就形成了低氧区。水体的层化孕育出了多个具有不同盐度或温度的水团。例如在河口温度较高的季节，大量高温、低盐、低密度的淡水覆盖在表面，使底层高盐、高密度海水形成了独立水团，导致底层氧气难以与表层氧气交换，于是近海海域中底层水体缺氧现象越来越严重。例如美国的切萨皮克湾、墨西哥湾密西西比河口、荷兰的斯海尔德河口、我国的珠江口等，都是严重的低氧发生区。近年来全球海域低氧区已增加到了400多处，面积超过了2.45万平方米，低氧区作为近岸水体富营养化的一种病态症状，在国际上已经引起了广泛的关注。

既然溶解氧是海洋中绝大多数生物赖以生存的物质条件，低氧现象所带来的生态影响效应更加不容小觑。如果低氧事件长时间持续发生，海洋生态系统中的各种动植物，尤其是运动能力弱的底栖生物群落，势必会受到致命的危害。

低氧现象主要发生在底层，底栖生物受到的影响自然首当其冲。在低氧事件发生的鼎盛时期，墨西哥湾北部路易斯安那沿岸物种数急剧降低。这时一些原本常见的甲壳类、腹足类、双壳类和蛇尾类动物几乎看不见踪影，而形成优势的却是一些寿命较短、小型的表层沉积物食底泥者。在切萨皮克湾和圣劳伦斯河口，当低氧现象发生时，生活在其底层的一些滤食者通常被一些耐受性强的表层食底泥者所取代。一些底栖生物为了适应低氧区的环境状况，在行为和生理上会做出一些适应性变化。例如在行为上积极地逃逸或者减少摄食，在生理上采用休眠、减少身体的增长率、增加换气率、增加血红蛋白和厌氧代谢等策略。奇异稚齿虫是一种常见的底栖多毛类，它的幼虫在夏季低氧区发生时会聚集在低氧的底层水以上，推迟其变态发育。Kodama等科学家还发现在夏季东京湾，低氧区影响了底栖生物的产卵和幼虫的固着，阻碍了底栖生物群落的恢复。由于低氧的胁迫，底栖生物也

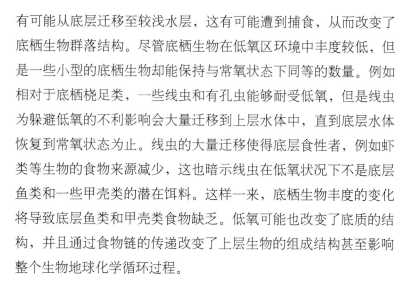

有可能从底层迁移至较浅水层，这有可能遭到捕食，从而改变了底栖生物群落结构。尽管底栖生物在低氧区环境中丰度较低，但是一些小型的底栖生物却能保持与常氧状态下同等的数量。例如相对于底栖桡足类，一些线虫和有孔虫能够耐受低氧，但是线虫为躲避低氧的不利影响会大量迁移到上层水体中，直到底层水体恢复到常氧状态为止。线虫的大量迁移使得底层食性者，例如虾类等生物的食物来源减少，这也暗示线虫在低氧状况下不是底层鱼类和一些甲壳类的潜在饵料。这样一来，底栖生物丰度的变化将导致底层鱼类和甲壳类食物缺乏。低氧可能也改变了底质的结构，并且通过食物链的传递改变了上层生物的组成结构甚至影响整个生物地球化学循环过程。

浮游生物大多不具备真正的游泳能力，它们不能像游泳生物那样采用快速迁移的策略来逃离不利的溶解氧环境，而是仅仅靠垂直运动来逃避，例如在溶解氧最小浓度带的上面或下面移动。一般来讲，溶解氧浓度应是浮游生物生长至关重要的环境参数之一，但缺氧对不同浮游生物类群在浮游生态系统中的影响是不同的，浮游生物对溶解氧耐受阈值也随其不同生物种类以及同种生物的不同生长阶段而异。因此，一定范围内的溶解氧浓度变化可能会通过对生态系统的某些种类产生影响，进而影响到浮游生态系统的营养和生产力的输送途径。胶质浮游动物（gelatinous zooplankton）是一类透明易碎的浮游动物，通常包括水母类、背囊类、毛颚类、腹足类中的翼足虫以及异足虫等。近年来越来越多胶质浮游动物的出现可能是一个更好地适应环境干扰（如富营养化、生境改变或氧的减少）的体现。相较于其他浮游动物，胶质浮游动物的呼吸速率似乎相当低：钵水母和水螅类水母的呼吸速率每小时每克仅为0.18至0.78微摩尔氧气。一些种类能调节氧气的消耗甚至可达到低于饱和状态的10%，这意味着这些生物在低氧条件下能正常生活，它们对低氧和缺氧的高耐受性与代谢需求下调有关。在栉水母种群中，无论是小（0.2至2.1毫升生物体积）或较大（8.0至17.6毫升生物体积）的水母，溶解氧浓度在每升1.1至1.8毫升氧气水平上其生长有明显的减少。这种现象似乎发生在饵料生物密度特别高的情况下。另外，当淡海栉水母在低溶解氧条件下生存时其产卵量也会显著减少。而海荨麻水母的生长率在低溶解氧条件下与正常情况下相差不大。胶质浮游生物被认为是仔鱼和其他浮游动物的天敌，同时，也会与鱼类和仔鱼竞争相同的浮游动物猎物。有人认为，由于它们对低氧的较高耐受性（如与长须鲸相比），将注定是氧气下降时在生态系统中充当主导作用的角色。Shoji等发现海月水母对鱼仔类的摄食率随着溶解氧的下降（从每升2.8毫升氧气下降到每升0.7毫升氧气）而增加，当然，许多饵料生物在缺氧条件下逃脱能力的下降也很有可能导致这些结果。这种机会主义行为很可能让一些水母超过其他生物，从而控制饵料生物的数量。

甲壳纲中的桡足类（详见第四章）在浮游生物中的重要性和地位也毫不逊色，它是海洋浮游动物群落中分布最广、种类最多、地位最重要的一个类群，与磷虾一起以其丰度和生物量被认为是世界上各海洋浮游群落的主要类群，是海洋初级生产力与高营养层（包括鱼类）之间最重要的营养链接。缺氧将对甲壳类动物的生理效应、空间分布变化以及繁殖等产生影响。大西洋蓝蟹栖息在沿海和河口环境，那里经常会遇到缺氧，缺氧条件和高碳酸血症的结合（增加二氧化碳）严重降低了血细胞酚氧化酶的活性。当蓝蟹幼体长期暴露在缺氧环境中时显示出了其摄食、生长和蜕皮速率的显著降低（10至28天）。海洋水蚤类的个体当遇到缺氧条件时，其活动范围（每升7至0.2毫升氧气）显著减小；在每升0.5至0.6毫升氧气的浓度范围内它们会停止过滤，增加游泳

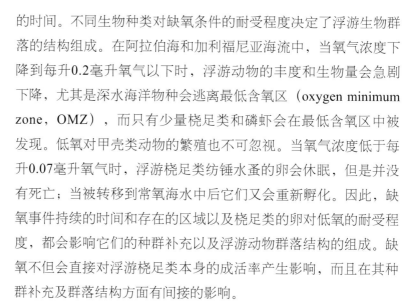

的时间。不同生物种类对缺氧条件的耐受程度决定了浮游生物群落的结构组成。在阿拉伯海和加利福尼亚海流中，当氧气浓度下降到每升0.2毫升氧气以下时，浮游动物的丰度和生物量会急剧下降，尤其是深水海洋物种会逃离最低含氧区（oxygen minimum zone，OMZ），而只有少量桡足类和磷虾会在最低含氧区中被发现。低氧对甲壳类动物的繁殖也不可忽视。当氧气浓度低于每升0.07毫升氧气时，浮游桡足类纺锤水蚤的卵会休眠，但是并没有死亡；当被转移到常氧海水中后它们又会重新孵化。因此，缺氧事件持续的时间和存在的区域以及桡足类的卵对低氧的耐受程度，都会影响它们的种群补充以及浮游动物群落结构的组成。缺氧不但会直接对浮游桡足类本身的成活率产生影响，而且在其种群补充及群落结构方面有间接的影响。

总之，低氧区的发生会导致海洋生物死亡率增高、栖息地和生境遭到破坏，补偿机制和迁移方式遭到破坏，海洋生物多样性降低，对渔业资源、旅游业造成很大的损失。随着人口膨胀和经济的高速发展，低氧区的范围和持续时间将不可避免地扩展，对海洋生态环境的影响将会越来越严重，其正面和负面的影响及其作用机制将越来越受到人们的关注。

# 海洋赤潮灾害中的"绿巨人"和"生化武器"

## "绿色"的海洋

大部分人以为引发赤潮的一般都是肉眼无法见到的微型浮游生物，而忽略了一些海洋大型藻类对环境和气候变化的响应。虽然是大型藻类，但它们也是由千千万万个微型细胞构成的，也主要依靠形成比许多赤潮藻个体更加微小的孢子或配子来进行繁殖。近30年来，一些大型定生绿藻，包括石莼属、浒苔属、刚毛藻属、硬毛藻属等脱离固着基后漂浮并不断增殖，导致生物量迅速扩增形成"绿色"海洋，并造成更多次生环境危害的海洋生态异常现象席卷了全球，无论是暴发范围还是引发的公众关注度都持续升高。为了与微型藻类引发的赤潮区分开来，这种现象被形象地称为了"绿潮"（green tide）（图3-7）。

图3-7　2008年前后我国青岛发生的浒苔灾害

图片来自网络

绿潮主要在北温带地区发生，其中美国、欧洲和亚太区域受到的影响最为严重（图3-8）。从20世纪70年代初开始，风景如画的法国布列塔尼沿海首次发生了大规模绿潮现象，并逐年变得越加严重。1986年仅仅只有拉尼永这一个海湾暴发石莼绿潮，但是，至2004年，绿潮已遍及了当地72个城市沿海，使布列塔尼成为名副其实的重灾区。80年代中期，美国缅因州东部海域也发生肠浒苔绿潮。20世纪70年代以来，亚洲日本沿海地区也暴发了孔石莼绿潮。在1997年至2001年的4年时间里，欧洲布列塔尼海域受绿潮影响的区域由34处增加到63处，而受绿潮影响的次数更是从60次增加到103次。据统计，在欧洲和亚洲有114个城市出现过绿潮灾害。目前看来，绿潮的发生范围已经遍及欧洲、美洲和亚洲多个沿海国家，全球约有37个国家都先后受到不同程度的绿潮侵袭，而且这个数字还在持续上升。

图3-8　近30年全球绿潮的分布（仅限于常发生区域）
红色圆圈是中国黄海海域2008年和2009年发生的全球最大规模的绿潮
Ye Nai-hao et al., 2011

近几年，我国成了受绿潮影响最为严重的国家，大面积大规模的绿潮藻类急剧增长和漂移的现象引发了世界关注。在2007年，浒苔引发的小规模藻华被首次发现在黄海中部酝酿，但由于当时对绿潮及其影响了解甚微，并没有引起政府部门和科学家的重视。2008年5至6月正临近第29届夏季奥运会帆船比赛之时，这场绿潮革命爆发了，浩浩荡荡的绿潮队伍拥着生物量近2 000万吨漂移的藻体，覆盖了黄海沿岸13 000至30 000平方千米海域，形成了举世公认的迄今最大规模的绿潮，并且在之后的几年中，每年"绿巨人"的进攻都在同一海区重复上演。是什么原因导致"绿巨人"如此青睐这个区域？有科学家认为，浒苔有种存在方式与甲藻孢囊类似，叫作"微观繁殖体"，它们喜爱休眠在沿海的辐射状沙洲底泥中，当温度适宜，加上沿岸养殖池区施肥导致的富营养化，给微观繁殖体的萌发和生长建造了条件优越的温床；也有科学家认为，浒苔藻体来源于沿海紫菜筏架上，每年紫菜丰收季节来临，浒苔会被刮下丢入海水中，漂浮到适宜的环境中迅速繁殖……"绿巨人"到来的原因众说纷纭，充满了神秘感，更加调动起了科学家们的好奇心，直到现在，许多科学家仍在为研究"绿巨人"的形成和发展机制不遗余力。

绿潮的形成与普通的赤潮一样，也是多种因素综合作用的结果，除了海水富营养化，适宜绿潮藻种生长的光照强度、温度、盐度、摄食动物、气候等外部环境因素之外，绿潮藻本身还具有一些维持它绝对竞争力的独特生物学性质。首先，绿潮藻通常都是些广温广盐性种类，虽然也存在其最适生长的温度和盐度范围，但多数情况下它们对环境条件的适应性比其他竞争对手强很多。它们是机会主义者，具有较高的营养盐吸收能力和光能利用效率，当环境适宜时，它们吸收营养盐的速度可达到常年生长藻种的4至6倍，从而能保持对数生长速度，缩短生殖周期，在短时

间内增加生物量；而近年来全球气候变化引发的海洋生态系统异常，导致某些生物大规模死亡，也为绿潮藻种在一定程度上减少了竞争对手。绿潮藻的繁殖方法复杂多样，浒苔属和石莼属藻类典型的生活方式是同形世代交替，即一个完整的生活史周期包括含有二倍染色体的孢子体和单倍染色体的配子体两个阶段，这两个阶段交替发生，并且孢子体和配子体的形态相同。它们的繁殖方式包括配子结合形成合子的有性生殖、配子独自发育成配子体植株的单性繁殖、双鞭毛或四鞭毛孢子单独发育的无性繁殖、体细胞与断枝再生的营养繁殖这四种方式。由此可见，绿潮藻种的繁殖能力非常强，它们在生活史的任何一个中间形态都可以单独发育为成熟的藻体。同时，绿潮藻的孢子和藻体都具有较强的抗胁迫能力。所以，无论在食物充足的富营养化环境中，还是极端气候条件下，绿潮藻都可能在水域环境中杀出重围，成为竞争优势种。

由于绿潮藻体与引发普通赤潮的微小浮游生物不同，是肉眼可见的大型定生藻，所以绿潮暴发对人类和自然界带来的危害更加不容小觑。虽然对绿潮暴发的机制及效应研究还并不深入，但是从目前来看，它们带来的危害主要表现在以下几个方面：首先，绿潮往往会形成一个厚度从几厘米到几米不等的覆盖在海水表层的毯子，把海面封得密实无光，降低了海水穿透光强，同时它们在生长过程中大量地吸收海水中的营养盐，为抢占栖息地破坏了自然生长或养殖栽培海藻的藻床，严重影响了后者的生长。如南非萨尔达尼亚湾由于富营养化加剧，石莼大量繁殖，导致了绿潮的暴发，严重影响了当地自然分布的龙须菜的生长及产量。其次，绿潮藻体腐烂后会产生次生有毒产物，如硫化氢等，会造成水体缺氧，引起水生动物大量死亡，改变动物种群结构，影响其物种多样性、丰度和总量，对沿海生态环境造成非常大的破坏。波罗的海东部涅瓦河口离岸5至20米的海域曾经发现过每平方米干重约为315千克的腐败漂浮绿藻，造成海域明显缺氧和动物生物量降低，水体中动物的每平方米湿重仅为0.5至2.9克。更加不幸的是，当绿潮发生在水产养殖海区或养殖池中，或者漂浮绿潮藻体在这些区域大量囤积时，养殖海区或养殖池中的海参、鲍鱼、虾蟹类经济水产动物常会因为缺氧、中毒等原因而大量死亡，甚至全军覆没。如2008年我国黄海发生绿潮时，堆积在养殖池塘中的浒苔腐烂使水质严重恶化，养殖生物迅速死亡，让乳山、海阳、胶南和日照等地的海参和鲍鱼围堰养殖、扇贝筏式养殖、滩涂贝类养殖的养殖户们蒙受了无法估量的损失，也给这些地方的水产养殖业发展带来了重创。另外，随着海洋生态服务功能的扩展，海岸景观和旅游业受到的影响也不容忽视。2008年前后我国黄海发生绿潮灾害期间，由于大规模绿潮无边无际覆盖了沿海景区和浴场，或者在海岸上堆积如山，民众都将"到青岛来看海"戏谑为"到青岛看草原"，造成了当地旅游产业的重大损失，甚至影响到了奥帆比赛的顺利进行。打捞海域中的绿潮藻几乎成了青岛每年旅游季节的例行公事。被打捞上来的大量藻体因无法及时运输而堆积在海岸上快速腐烂，所产生的腐败气体游走于沿海主干道与商业住宅区之间，影响了沿海居民的工作和生活。

## 未知的生化武器

除了"绿巨人"外，海洋生态环境还采用了更多奇特的手段来向人类宣战。自1985年夏季开始，美国东海岸纽约长岛大南湾（Great South Bay）、罗得岛州纳拉甘西特湾（Narragansett Bay）和新泽西州巴尼加特湾（Barnegat Bay）第一次出现了一种

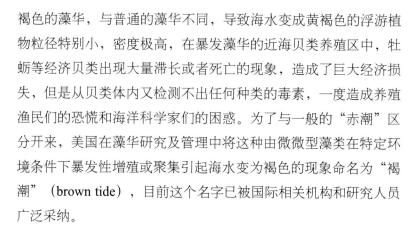

褐色的藻华，与普通的藻华不同，导致海水变成黄褐色的浮游植物粒径特别小，密度极高，在暴发藻华的近海贝类养殖区中，牡蛎等经济贝类出现大量滞长或者死亡的现象，造成了巨大经济损失，但是从贝类体内又检测不出任何种类的毒素，一度造成养殖渔民们的恐慌和海洋科学家们的困惑。为了与一般的"赤潮"区分开来，美国在藻华研究及管理中将这种由微微型藻类在特定环境条件下暴发性增殖或聚集引起海水变为褐色的现象命名为"褐潮"（brown tide），目前这个名字已被国际相关机构和研究人员广泛采纳。

1985年发生于美国的这次褐潮不是偶然和转瞬即逝的，近年来褐潮在美国沿岸的分布由北向南逐渐扩展，目前在特拉华州、马里兰州和弗吉尼亚州沿岸海域都已出现过，不仅导致当地贝类养殖业遭到巨大破坏，海域贝类种群数量急剧下降甚至资源几近崩溃，还引起海域海藻床退化，造成了巨大经济损失和社会影响效应。与此同时，在大西洋另一侧的南非沿海，同样的情况也在发生。从1996年夏季开始，南非萨尔达尼亚湾牡蛎养殖区频繁发生褐潮，导致该海湾及毗连的朗厄班潟湖变成金褐色，使当地的牡蛎在1998年3月几乎绝产，贻贝也由正常情况下每绳70千克下降到每绳20千克。当时该海域表层水样中的微微型藻类细胞密度达到每升12亿至31亿个，对应的叶绿素浓度达到了每立方米21.3至41毫克。我国是继美国和南非之后第三个出现褐潮的国家。2009年6月，河北秦皇岛沿岸海域海水呈现黄褐色，前后持续了约40天，藻华区域从山海关延伸到了抚宁，所涉及养殖区的扇贝、牡蛎和贻贝都出现停滞生长的现象，严重时发生了大量贝类死亡。同样的灾难在2010年至2012年期间连续袭击了这片海域。2011年褐潮的规模甚至影响到了山东半岛东部的烟台套子湾、四十里湾、养马岛以及威海桑沟湾、乳山湾等近岸海域，给我国沿海贝类养殖业带来了巨大经济损失，被认为是我国沿海继甲藻赤潮、浒苔绿潮后的第三类藻华灾害。

导致褐潮形成的肇事者与常规赤潮不同，堪称小人国中的迷你族。这类藻细胞大小仅有2微米左右，属于微微型藻类，在显微镜下也难以一探究竟，并且极端脆弱不易保存，给褐潮暴发机制的探索带来了特别大的困难。近20年来，美国科学家们针对褐潮现象展开了大量的研究工作，提出了许多看法，但在褐潮形成和演变机理方面至今仍没有形成统一的科学认识。目前很多研究也都是基于褐潮发生时水域中生物因子、化学因子和水文参数的调查以及建立数值模型来对褐潮藻的生理适应机制和褐潮暴发条件进行的推测。

由于这些年我国褐潮暴发现象严重，有科学家发现褐潮暴发时期海水环境与常规赤潮发生环境有很大的差异。当褐潮发生时，海水中的氮严重富营养化，而磷含量却相对很低，同时往往恰逢连续多日阴雨导致海水低光照，海水中浮游植物物种多样性指数很低，群落稳定性差，并且海水中溶解氧和pH值都未见明显上升。所以他们推测，在春夏季高氮低磷、低透明度、浮游植物群落稳定性差的情况下，更容易发生褐潮灾害。美国石溪大学的Christopher J. Gobler教授多年来一直致力于褐潮的研究，他结合野外调查数据和室内实验，运用概念模型和数值模型，提出了褐潮的暴发原因可能主要由于肇事藻种特殊的生理适应机制：同其他常见赤潮藻暴发时依赖大量无机营养盐的生理机制不同，这类褐潮藻能够广泛利用不同种类的有机营养盐基质（氮、磷，包括再生营养盐），所以在其他藻种藻华消耗完水中大量营养盐，使营养盐降低到一定水平而不利于大多数藻类竞争性生长时，褐潮藻则充分发挥了它适应低营养盐和低光照条件的竞争优势，迅速异军突起并称霸了整个水体。另外，褐潮藻细胞外壁包围有一层多糖外鞘，或可能含有细胞毒素，所以很少有浮游动物和底栖植食性动物对它产生摄食欲望，这样褐潮藻就可以维持其低死亡率。

大家普遍认为，在褐潮灾害发生的时候，海洋浮游生物多样性都会维持在低水平，群落生态系统极不稳定，除了高密度褐潮藻飞扬跋扈占据主要生物量外，其他浮游植物藻类种类很少，而且密度非常低。虽然在褐潮发生后也可能有所恢复，但仍然无法抵挡褐潮灾害年复一年的上演。另外，褐潮的发生对海域中其他海洋生物的存活带来很大影响，甚至会导致生命力极强的海草死亡。大量繁殖的海洋细菌积聚微藻细胞、细菌代谢产物、有机及无机碎屑等黏附在养殖贝类网笼上，堵塞网眼，或附着于贝类鳃部及外套膜边缘，阻碍水流交换，使得贝类无法正常呼吸和滤食，导致贝类半开启、软体部萎缩、颜色发暗、生长缓慢甚至停止，并大量死亡。褐潮水体透光性差以及褐潮藻通过种间竞争作用抑制贝类饵料生物生长，也是导致贝类滞长的主要原因。从1985年起美国东海岸的褐潮就每年侵袭大量海湾扇贝养殖区域，那里的扇贝资源和海草床皆因褐潮影响受到了毁灭性的打击，至今褐潮仍是美国东海岸最严重的生态灾害之一。褐潮在我国海域的暴发更不容忽视，它给贝类养殖业带来的经济损失最为严重，国家海洋局发布的海洋灾害公报显示，2010年褐潮造成河北省直接经济损失达2.05亿元。

# 小　结

无论是符合我们常规认识的赤潮，还是近年来出现的绿潮和褐潮，都是海洋母亲为了告知她在人类的任性下受到的巨大伤害而采用的表现手段，是海洋中微小浮游生物万众一心、前仆后继上演的悲壮史诗。警钟已陆续敲响，我们不知道除了浮游植物成员形成的各类藻华和浮游动物成员形成的大规模水母旺发外，海洋还会以怎样的方式来警告人类活动对她造成的伤害。尝试去探索这些生态现象形成的原因，即是和海洋对话的过程，只有努力倾听海洋的诉求，才能了解和反思人类的错误行为。海洋生物学家们的重要责任是：拯救海洋生态环境，并警醒因受到海洋生态灾害带来的教训而不知所措的人类。

# 第四章
# 海洋中不容忽视的浮游动物关键种
## ——中华哲水蚤的四季历险记

## 引 言

亲爱的读者朋友，提到海洋霸主，你是否立即联想到鲨鱼、鲸类等大型生物。没错，它们体型巨大，食量惊人，甚至有些凶残，与陆地上的狮子、老虎相似，往往被称为"霸主"。然而，这里要为一类微小生物鸣不平了，它们就是桡足类。这类生物的身体大小一般在几百微米到几个毫米数量级，乍一看很不起眼，不过它们以其世界海洋范围内广泛的分布及庞大的数量，称得上是真正的海洋霸主。它们是海洋中数量最多、生物量最大的后生动物（多细胞生物），组成了海洋中最大的蛋白质库。也就是说，除了单细胞的细菌、藻类等，海洋中最多的生物就是它们了。在地球上，它们是除了昆虫类之外数量最为庞大的类群。由于它们个体微小，其重要性常常被我们忽略。

## 浮游动物
### ——海洋里的真正"霸主"

浮游动物是海洋生态系统结构的重要组成部分，是海洋生

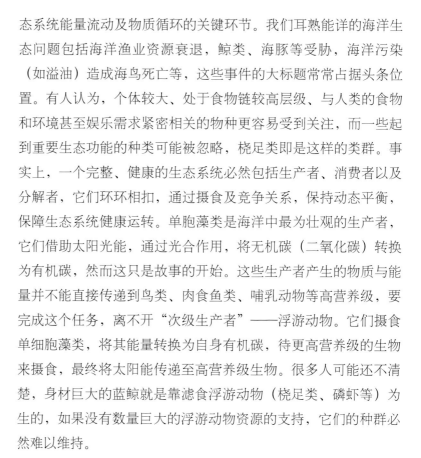
态系统能量流动及物质循环的关键环节。我们耳熟能详的海洋生态问题包括海洋渔业资源衰退，鲸类、海豚等受胁，海洋污染（如溢油）造成海鸟死亡等，这些事件的大标题常常占据头条位置。有人认为，个体较大、处于食物链较高层级、与人类的食物和环境甚至娱乐需求紧密相关的物种更容易受到关注，而一些起到重要生态功能的种类可能被忽略，桡足类即是这样的类群。事实上，一个完整、健康的生态系统必然包括生产者、消费者以及分解者，它们环环相扣，通过摄食及竞争关系，保持动态平衡，保障生态系统健康运转。单胞藻类是海洋中最为壮观的生产者，它们借助太阳光能，通过光合作用，将无机碳（二氧化碳）转换为有机碳，然而这只是故事的开始。这些生产者产生的物质与能量并不能直接传递到鸟类、肉食鱼类、哺乳动物等高营养级，要完成这个任务，离不开"次级生产者"——浮游动物。它们摄食单细胞藻类，将其能量转换为自身有机碳，待更高营养级的生物来摄食，最终将太阳能传递至高营养级生物。很多人可能还不清楚，身材巨大的蓝鲸就是靠滤食浮游动物（桡足类、磷虾等）为生的，如果没有数量巨大的浮游动物资源的支持，它们的种群必然难以维持。

更为重要的是，浮游动物还具备减缓、调节气候变化的重要生态功能。众所周知，自工业革命以来，由于二氧化碳等温室气体的大量排放，全球变暖、海洋酸化等问题接踵而至。对于诸如"森林通过吸收大气二氧化碳而减缓全球变暖趋势"之类的环保宣传，我们非常熟悉，这也的确是陆地上重要的缓解措施；然而在海洋中类似的过程还远远不为大众所知。海洋中，与森林对应的初级生产者是微藻，它们通过光合作用吸收溶解在海水中的大气二氧化碳。不过与森林或者其他陆地高等植物不同的是，微藻是单细胞生物，它们所固定的碳并不能长期存留下来。它们死亡之后，所固定的碳通过细菌分解等过程很快重新释放出来。因此对海洋固碳作用起到关键作用的是微藻的摄食者，而在全球海洋中，主要是桡足类承担着这样的功能。它们通过摄食作用，将微藻中固定的大气碳转移到自身，随之被高营养级生物摄食从而进一步通过摄食关系扩展到整个生态系统。之后这些生物死亡后的尸体一部分进入分解再循环过程，即这部分碳仍存留在水体系统中；而另一部分则通过形成"海雪"的形式沉降到海底深处，其中的一部分沉积进入底质而被永久封存起来，成为净碳汇（net carbon budget）。

综上所述，浮游动物在海洋生态系统中处于食物网关系中承上启下的地位，对海洋生态系统的物质循环及能量流动均起到至

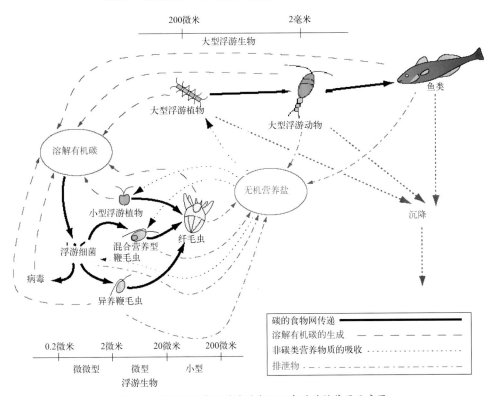

图4-1　浮游动物在海洋浮游食物网中的关键作用示意图

关重要的作用（图4-1）。从某种程度上，从其数量、多样性及对生态系统的作用等方面来看，可以称其为海洋里的真正"霸主"。

# 关键种
## ——概念与实例

生态系统是指在自然界的一定空间内，生物与环境构成的统一整体；生态系统内的生物与环境要素相互影响、制约，在一定时期内处于相对稳定的动态平衡状态。在生态系统中，各个物种的功能、作用或地位不尽相同。有一类物种，它们的消失或削弱可以引起整个群落和生态系统发生根本性的变化，生态学家将它们称为生态系统关键种。

不无巧合的是，关键种的概念最早也是由海洋生态学家提出的。1962年至1964年，美国华盛顿大学的Paine在加利福尼亚等地的岩石潮间带观察发现，当去除潮间带群落中的捕食者海星后，群落发生剧变，底栖藻类、附生植物、软体动物由于缺乏适宜空间或食物而消失，群落系统组成由15个物种降至8个物种，营养关系变得简单化。在这里，海星担当关键种的角色，控制着整个潮间带生态系统的结构与功能。

# 黄海海洋生态系统的关键种
## ——中华哲水蚤

中华哲水蚤成体体长为2至3毫米，属于桡足类甲壳动物。别看它们个头不大，但它们的生态地位却不容小觑。中华哲水蚤的一生环节繁复，按照蜕皮情况，从卵子到成体，可分为13个发育时期。

黄海中华哲水蚤种群于3月、4月开始增长，于6月在整个海区达到种群最大丰度；然后，随着黄海冷水团在黄海陆架区的形成和近岸区水温的上升，其种群分布中心逐渐转移至冷水团中；整个夏季，中华哲水蚤在冷水团中以滞育状态分布于温跃层的下部，繁殖和生理活动都不活跃。11月至12月以后，随着温跃层的消失和冬季垂直混合的增强，中华哲水蚤种群由中部陆架区逐渐散布于整个黄海。下面我们按照季节顺序来介绍一下中华哲水蚤的生殖、摄食及种群变化等具体情况。

## 春生夏藏

经过漫长而寒冷的冬季，进入3月，中华哲水蚤种群终于迎来了温暖而食物丰富的春天，水温一天天变暖，加之日照时间加长，而且冬天盛行的大北风也渐渐转小，偶尔还有温暖的南风吹来，所有的一切对黄海微藻（主要是硅藻）来讲都是个好消息，它们迎着暖春开始生长繁殖、旺盛起来，当然了，对主要以硅藻等浮游植物为食的中华哲水蚤来讲更是件大好事。

进入4月，随着条件的适宜，在黄海出现了一年一度的春季硅藻水华，浮游植物达到年度顶峰，这对中华哲水蚤来讲可是一场难得的盛宴。在这场盛宴面前，整个种群都活跃起来，持续了整个冬天的萧条气氛一扫而光。"一年之计在于春"这句俗语用在这里再恰当不过了。大家都抓紧机会享用这场大餐，为自身及未来的后代补充能量。

硅藻是中华哲水蚤的主要食物，也是黄海水体中占压倒优势的浮游植物类群（当然，除了硅藻之外，黄海的甲藻、金藻等浮游植物也在中华哲水蚤的食谱范围内）。硅藻因其身体由两块含硅质的外壳结合在一起而得名。它们的繁殖速度很快，甚至一昼夜之间可以分裂繁殖数次，种群规模可以很快倍增，因此完全不用担心中华哲水蚤把硅藻吃完后挨饿。说了这么多有关硅藻食物，其实，中华哲水蚤并不是严格的素食主义者，与人类一样，中华哲水蚤应该算杂食动物。纤毛虫是中华哲水蚤的重要"肉类"来源。它们属于单细胞原生动物，因身体表面覆盖纤毛而得名。多样化的进食为中华哲水蚤提供了更为均衡的营养，"不偏食、不挑食"对中华哲水蚤来讲同样适用：食物质量与数量同样重要。

上一个冬季的寒冷与食物缺乏使得整个种群"缺兵少马、人丁不旺"，而面对春季丰富而均衡的饵料供应，是时候休养生息、壮大势力了，种群中新晋的"准爸、准妈"们正为此不懈努力着。在此，有必要介绍一下中华哲水蚤种群的"男女比例"——雌雄性比例。一般来说，雌性数量远远超过雄性数量，有人研究发现雌雄比值在7∶1至20∶1之间，甚至更高，比例悬殊。其实，这种雌雄比例与中华哲水蚤的繁殖方式息息相关。雌雄交配时，雄性可将精子囊（荚）固着于雌性的生殖孔附近，这样当雌性所产的卵经过生殖孔时即可受精，而一次交配带来的精子基本足够支持雌性在整个产卵季节所产卵子的受精所用，因此，既然少数雄性即可"完成任务"，则进化肯定偏向于选择产生更大比例的雌体，以致利用优势条件快速增长种群。事实上，初春种群增长刚刚开始时，中华哲水蚤族群内以雌体最多，这可以充分保证利用春季的丰富食物迅速进行繁殖、种群补充。

春季，一个成熟雌体每天最多可产生30至40个卵子，卵子排出并受精后，一般在24小时之内即可孵化，为无节幼体，胖胖鼓鼓地十分可爱，生态学家将其称之为Ⅰ期无节幼体（ＮⅠ）（图4-2）。它们利用体内储存的能量物质（主要来自卵子中的脂类、蛋白质等）迅速成长。随着它们身体的不断长大，原

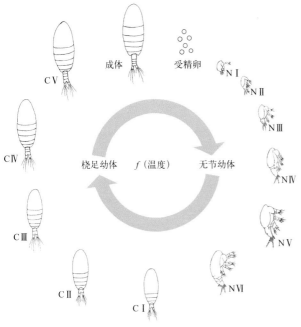

有的甲壳质外壳（chitin）已经不能容纳身体了，于是，旧壳褪去，产生新壳，这产生的新阶段的无节幼体被称为Ⅱ期无节幼体（NⅡ），如此再经过1次蜕皮可以发育为Ⅲ期无节幼体（NⅢ）。从此之后，体内储存的能量便不能够支撑无节幼体生长了，必须依赖外界食物才能生长发育。NⅢ期之后，又经过4次蜕皮，它们终于发育为桡足幼体Ⅰ期（CⅠ）（图4-2），之后又经过5次蜕皮而发育为成体，最终雌雄成体通过交配完成整个生活史周期。

图4-2　中华哲水蚤各发育期模式

值得一提的是，尽管中华哲水蚤可以产下大量卵子，其后幼体又可以快速发育，但实际上能存活下来的只是少数。这一方面是卵子、幼体自身的孵化率、存活率受到温度与食物等因素的限制；另一方面是由于中华哲水蚤的卵子、幼体是许多鱼类、水母等高营养级动物的重要饵料，要知道春季也是多数鱼类的产卵季节，这时大量的仔稚鱼就拿中华哲水蚤开刀了——中华哲水蚤是我国黄海、东海许多重要经济鱼类的开口饵料。

春季的食物盛宴最长可以持续到5月中旬，在这宝贵的一个多月时间内，通过繁殖补充新个体，种群规模已达刚入春时的几倍乃至几十倍。如果此时统计一下中华哲水蚤的年龄结构的话，你会发现绝大多数是年幼的桡足幼体以及无节幼体，这已经与初春时以中华哲水蚤成体占主导的"老龄社会"截然不同，种群此时充满活力，生长旺盛，在进入夏季之前，由春季繁殖已经产生了1至2个新世代。

进入6月，与陆地上同纬度已经开始进入炎夏不同，由于海洋巨大的吸热潜能，海洋里的季节一般要比陆地推迟半个月到一个月，此时对于中华哲水蚤来说，是种群增长的最后时机。6月中下旬后，随着表层海水逐渐升温，由于海水温度越高其比重越轻，在太阳辐射和高温大气的持续作用下，海洋中逐渐形成了"温跃层"（thermocline）的稳定水文结构，即通常在20至30米的中间水层，产生一个温度由高到低快速变化的水层，这个水层之上为温暖的海水（一般水温高于20°C），下层却为寒冷的海水（上年冬季残留的水温低于10°C的海水）。科学家将黄海中部海槽广阔深水区域的温跃层下层冷水称为黄海冷水团，对于中华哲水蚤来说，这里可是一个极佳的"避难所"。称之为避难，是否有点危言耸听？

答案是，一点也不。正所谓天下没有不散的筵席，春季浮游植物水华过后，随着夏季到来，由于营养盐消耗、光强太强、温度不适宜等原因，微藻们的生长与繁殖陷入低谷，中华哲水蚤的食物也骤然短缺起来。此外，近岸浅水区的水温随着入夏而急剧升高。而中华哲水蚤属于变温动物，较高的温度必然导致较高的代谢速率，而此时又面临食物缺乏，这样在双重压力之下，近岸区的中华哲水蚤种群遭受灭顶之灾，在盛夏时期便很难发现其踪迹。

不过，如果在盛夏时期能下潜到中部海槽的冷水团底部，你会惊奇地发现，数量庞大的中华哲水蚤种群在温跃层遮蔽之下，安然无恙。有趣的是，如果此时为中华哲水蚤做个人口普查，你会发现一种十分罕见的年龄结构：80%以上的成员为桡足幼体的最后一期（生态学家称之为ＣＶ期），这一期只需经过一次蜕皮即可发育为成体，而今它们都似乎被"困"在这一期，享受这漫长的"成人礼"——至少几个月的度夏过程。

为什么都是ＣＶ期幼体？这不得不从中华哲水蚤的"油囊"说起了。油囊（图4-3）是中华哲水蚤体内储存油脂的一个器官，在度夏时期的ＣＶ期个体内部，油囊内部积累了大量的脂类物质，刚刚开始度夏的ＣＶ期幼体，其油囊体积甚至可以超过整个头胸部体积的60%以上。可以说，此时其他组织器官（包括肠道、生殖腺甚至肌肉等）统统为油脂积累让路。中华哲水蚤的这种略显奇怪的储能方式甚至与高等动物在冬眠时积累脂肪的策略类似，只不过它们不是在冬眠而是在"夏眠"。

脂类是一种高效的能量物质，在分解时产生大量的能量用以支持生命活动。储存脂类是中华哲水蚤的一种重要的生存策略，是对季节性的食物缺乏所做的准备，正所谓"凡事预则立"，其实，早在春季食物丰富的时候，处于冷水团的中华哲水蚤就开始积累能量，为度夏做准备了。除了积累能量，中华哲水蚤的激素水平在基因表达的控制之下也发生了改变：处于冷水团之中，中华哲水蚤的呼吸率、代谢率显著降低，摄食活动基本停止（当然，此地微藻量少，食物供应稀少），生态学家将这种生理状态称为"休眠"。在休眠期间，中华哲水蚤仅仅依赖所积累的油脂存活。

中华哲水蚤除了ＣＶ期的休眠状态，处于冷水团中的少量成体也呈"休息"状态，不再像春季时那样忙于繁殖。由于食物缺乏，在冷水团内存活下来已属不易，已经很少有能量投资给繁殖了。这里有必要提一下"能量分配策略"——生态学家的习惯叫法：各类生物通过摄入或者光合作用的产能可以看作能量收入。正如人类社会的财政收入一样，能量收入要么被利用起来，用于生理活动，如生长、繁殖、呼吸、代谢、运动等；要么被储存起

图4-3　中华哲水蚤体内显著的油囊

来，就像CV期的幼体那样。度夏的几个月过后，CV期的幼体油囊里的脂类已经消耗殆尽，约有3/4的种群个体没有熬过这个夏天而倒下了，而坚强存活下来的种群成员即将迎来一个新的机遇。

## 秋萌冬存

9月中下旬以后，随着太阳辐射减弱、上层水温下降、垂直混合加强，温跃层特征逐渐减弱，冷水团控制范围逐渐向黄海中部缩减。在此过程中，由于特殊的水文结构，冷水团边缘被科学家称为"锋区"（frontal zone）。这里的水动力条件促使营养盐富集，浮游植物也因之繁盛起来，这对中华哲水蚤来讲可是个好消息。随着冷水团的缩减，越来越多的区域暴露为锋区；而在原来冷水团区域内度夏的CV期幼体在自身弹尽粮绝的情况下，遇到锋区丰富的食物，简直就是雪中送炭，于是新的能量策略启动，CV期幼体利用优越的食物条件，迅速蜕皮发育成成体，并开始繁殖。这种状况一直持续到11月初，此时冷水团控制范围已缩至黄海中部极小的区域，黄海大部分海域的浮游植物处于全年第二次生长高峰，夏季的"卧薪尝胆"此时终于有了收获，种群活跃，呈增长态势，年幼个体又占据了多数。

11月中下旬后，漫长的冬季逐渐到来了，一直持续到来年3月，此时黄海的温度下降到仅有5℃至10℃，太阳辐射极低，浮游植物的生长又回归低潮。这时候对于大规模繁殖下一代并不是个好时机，种群又一次陷入萧条。好在中华哲水蚤属于冷水性浮游动物，对于低温的适应明显强于高温。在低温下，其较低的代谢率能够保证即便较少的食物供应也可以勉强存活下来。低温下，中华哲水蚤的世代发育时间也明显延长，所以在初春时，你会发现中华哲水蚤个体较大，甚至其体长比夏季的世代长出30%以上，这都是漫长的冬季生长的结果。冬季，食物的丰富程度比夏季冷水团内仍然高出不少，因此，也有少量的幼体诞生——繁殖一直在严酷的冬季持续着，只不过规模很小。

综上所述，中华哲水蚤是我国黄海、东海生态系统中的浮游动物关键种，其生物量在春季最高时可占浮游动物总生物量的90%以上，它们在海洋生态系统中起到承上启下的关键作用，对生态系统的物质循环及能量流动均具有重要意义。

中华哲水蚤在漫长的进化历史中形成了令人叹为观止的环境适应策略，在温带海洋强烈的四季环境变化中"游刃有余"。它们充分利用春季丰富的食物资源迅速扩增种群，利用夏季天然庇护所躲过季节性食物匮乏及高温，应对短暂的秋季浮游植物生长次高峰，种群衰退之势得以缓解，于漫长的冬季里积蓄力量，等待来年春季的到来。其中，春季硅藻水华期间的繁殖扩增是决定中华哲水蚤种群规模的最关键过程，而该种群规模的损失程度则取决于夏季冷水团的活跃程度。因此，我们通过对中华哲水蚤种群季节变动的精细描述，可以看出，浮游动物如何依赖海洋环境及充分利用环境，而海洋环境的各个因素又如何综合影响浮游动物的生存与发展，这种环境与生物紧密相关的现象在海洋中无处不在，也正是海洋生命的神奇之处。

# 第五章
# 南极海域舞动的精灵
## ——以南极磷虾为核心的南大洋生态系统

　　提到南极的生物，人们首先想到的可能是企鹅、海豹和鲸，其实还有另一类非常有代表性的生物，那就是上面提到的这些大型动物的饵料——南极磷虾（图5-1）。无论从哪个角度来衡量，南极磷虾都是我们这颗星球上数量最大、繁衍最成功的动物。在南极食物网中南极大磷虾维持着以它为饵料的企鹅、海豹和鲸的生存和繁衍，所以说南极磷虾是整个南极海洋生态系统的基石。

图5-1　南极磷虾

　　磷虾的英文名Krill来自挪威语，磷虾在全球海洋中都有分布，属于甲壳类浮游动物，是很多鱼类和大型海洋动物的饵料。全球海洋中共有85种磷虾，生活在南极海域的磷虾有7至8种，通常人们所讲的南极磷虾一般指的是南极大磷虾（*Euphausia superba*）。磷虾在外形上与我们所熟悉的对虾等甲壳动物相似，但个体一般比较小，南极大磷虾成体的体长一般为5.5至6厘米。南极磷虾生物量巨大，被认为是地球上数量最大的单种生物资源之一，也是最后一个动物蛋白库（图5-2），近些年的渔获量超过30万吨，主要被用来作为海水养殖动物的饵料、垂钓和制作保健品"磷虾油"的原料，在日本、俄罗斯和菲律宾等国家南极磷虾被直接食用。

图5-2　南极磷虾集群

图片来自网络

　　南极磷虾的生物量到底有多大，这是一个非常重要的问题，也是一个非常难以回答的问题，因为南大洋实在是太大了，远离人类居住的大陆，对南大洋开展研究的费用是非常高的。1977年至1986年，由十几个国家参加的庞大十年计划"南极海洋系统与资源的生物学研究"，曾经在1980年至1981年和1983年至1984年的南极夏季进行过两次大规模的海上考察与实验。科学家使用声学设备对南大洋1/8的海域进行过调查，得出的结论是南极磷虾的生物量为5.6亿至10亿吨。由于该调查只对1/8的海域进行了声学调查，考虑到南极磷虾生物量的年际变化很大、磷虾具有块状分布的特点、调查区域的代表性以及声学探测的准确性等各方面的原因，这个数字未必准确。研究磷虾捕食者的科学家们认为这一数字偏低，因为它不足以维持南大洋生态系统上层消费者的消耗。之前人们通过食物链进行过推算：一头鲸一天需要消耗多少数量的磷虾、南大洋有多少鲸，除了鲸之外还有很多的其他生物，例如企鹅、海豹和乌贼等，推算出来的结果是总数超过100亿吨，这个数字也许是偏大了。结合生态学和现场调查等各方面的综合研究，科学家们认为南极磷虾的生物量应该在10亿至20亿吨。2008年，德国和美国的科学家们根据20世纪在南大洋对南极磷虾进行拖网调查的数据、南极磷虾声学探测数据，再结合南极磷虾的生长模式等进行综合分析后得出的结果显示，南极磷虾的生物量在3.42亿至5.36亿吨之间。尽管仍然存在不确定性，但是这个数值已经算是比较可靠的了。南大洋海洋生物资源养护组织专家们的态度是：在没有完全弄清楚南极磷虾的资源数量的情况下，我们宁可将南极磷虾的评估量说得少一点，这有利于对南极磷虾资源的保护，因为一旦南极磷虾资源遭到破坏，整个南大洋生态系统都会遭遇灭顶之灾。

人们对南极生物资源的破坏是有着惨痛的历史教训的：20世纪30年代开始的大规模南极捕鲸业，仅仅几十年的时间就使很多鲸类灭绝了，尽管后来人们对南极鲸类进行了严格的保护，但是

直到现在鲸类资源也没有得到恢复，因为海洋生态系统一旦遭到破坏，要将其恢复是非常困难的。鲸和海豹等是处于海洋生态系统顶层的生物，其资源遭到破坏会对生态系统造成一定的影响，但是还不至于导致整个海洋生态系统的崩溃；而一旦南极磷虾资源遭到破坏，对南大洋生态系统的破坏将是毁灭性的（图5-3）。

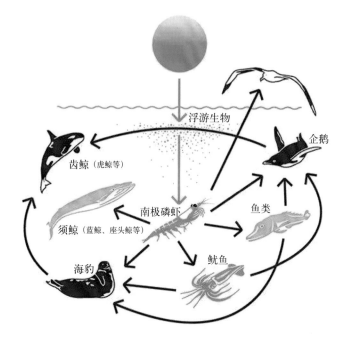

浮游生物

齿鲸（虎鲸等）

企鹅

须鲸（蓝鲸、座头鲸等）

南极磷虾

鱼类

鱿鱼

海豹

图5-3　南大洋生态系统

图片来自网络

　　南极磷虾每年的捕捞量控制在多少才不会使其资源遭到破坏？这涉及南极磷虾的种群结构分析和种群补充量的计算，要进行这方面的研究首先要知道南极磷虾的年龄结构。但是与其他的甲壳动物相比，南极磷虾具有一个很重要的生物学特征：在环境不利的情况下，南极磷虾的身体会出现负生长，甚至一些性别特征也会消失，在秋季已经成为成体的磷虾，经过漫长的冬季到春天的时候反而变成幼体了，其实这些看起来像是幼体的磷虾不是真正的幼体，仍然是成体。并不是每个区域的磷虾经过冬季后都会发生负生长，即使发生了负生长，不同区域、不同年份程度也是不一样的，取决于当年的环境条件。如何鉴定南极磷虾是否出现了负生长、负生长的程度有多大、如何鉴定南极磷虾的年龄等方面的问题涉及南极磷虾资源补充的评估，而且很难找到一个系数进行统一矫正。在这些问题的研究方面，我国科学家做出了在国际上很有显示度的工作，秘密就隐藏在南极磷虾的复眼中。南极磷虾的复眼由约8 000个小眼组成（图5-4），随着年龄的增长，小眼的数目也在发生着变化，但是小眼的数目不会随着磷虾负生长而发生变化。进一步的研究发现，南极磷虾的复眼直径也不会随着负生长而发生改变。我们利用南极夏季获取的磷虾复眼中的小眼数目与体长之间的比率做出一个正常曲线，然后用不同季节和区域获取的比率进行对比就能算出磷虾是否产生了负生长以及磷虾的原始大小，利用复眼直径与体长之间的比例也能获取相同的信息。通过对同一区域不同年份的数据对比可以获取南大洋环境的年际变化信息，在同一年度对不同区域的数据进行分析，能够获取地区环境变化信息，我们利用这种方法能够将南极磷虾作为南极环境变化的指示种。

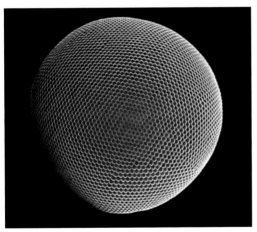

图5-4　磷虾复眼
图片来自网络

　　自从南极磷虾的巨大生物量被科学家认识之后，他们就一直在探索如何将南极磷虾作为一个具有商业开发价值的捕捞对象。南极磷虾的渔业开采始于20世纪70年代，在80至90年代的鼎盛时期每年的捕获量曾经达到50万吨，其中90%被苏联捕获。由于当时苏联实行的不是市场经济，而是作为一种政府行为，所以无法了解其经济效益问题。2015年至2020年，南极海洋生物资源保护委员会（Commission for the Conservation of Antarctic Marine Living Resources，CCAMLR）中的5个成员国开展了南极磷虾的捕捞，其中磷虾捕捞最多的国家是挪威，约占到全球磷虾捕捞的60%，其次是韩国和中国。而磷虾的年捕捞量也从2010年的20万吨上升至2020年的40万吨。为了更科学地合理开发利用南极磷虾资源，需要基于磷虾种群变动模型设置捕获上限。最大捕获量是通过改变磷虾种群变动模型中一些基础信息参数（如多少磷虾进入种群、磷虾生长率为多少、多少磷虾保持存活），经过上千遍重复计算得出结果的。这个模型可以得出磷虾种群在将来一段时间的种群数量，从而可以指导不同区域的捕捞限度，以保证南极磷虾种群的可持续发展。目前磷虾捕捞集中的大西洋扇区的谨慎性捕捞限额是每年62万吨。

图5-5　南极磷虾捕捞

图片来自网络

南极磷虾在网中很容易被压碎，同时磷虾体内的消化酶在磷虾死亡后会在短时间内将自身组织分解，因此捕捞结束后需要尽快对样品进行加工处理（1至3小时内完成）。尽管磷虾渔业强调为人类提供高质量蛋白的潜在巨大价值，但南极磷虾在将来是否可以作为人类的直接食物取决于是否可以有效地移除磷虾体内的大量氟化物，而目前磷虾渔业产物主要用于水产业（鱼饵）和人类的保健品（磷虾油）（图5-6）。过去人们所担心的南极磷虾渔业会出现大发展的局面并没有出现，一个重要原因是南极磷虾的利用和捕捞成本问题。

图5-6　南极磷虾油胶囊
图片来自网络

从另一方面来说，磷虾的个体并不大，磷虾的肉加工出来就像煮熟的米粒一样，口感也并不是特别好，考虑到捕捞和加工南极磷虾的成本问题，磷虾的价格不能太低，同时要考虑到近海渔业资源（例如对虾、龙虾、鹰爪虾等）的成本和口感等问题，比较起来目前南极磷虾并不具备竞争力。南极磷虾的另一个重要用途是做成虾粉成为鱼类饵料，由于磷虾体内氟的含量比较高，所以即使做

饵料也超标，但是对于饲养鲑鱼效果很好，考虑到一般鱼粉的价格和近海磷虾资源的竞争力问题，从价格上其竞争力也不是很大。现在比较有利可图的是南极磷虾虾油，其市场价格比较高，具有比较好的经济价值，但是一旦数量增多之后，市场价格必然下滑，而磷虾的捕捞和加工的费用并不会减少，所以利润空间也就比较少了。

还有一个重要的因素是在南大洋渔业作业时间相对比较短，以往主要集中在夏季作业，近年逐渐增加了其他季节的渔业作业。在过去的几十年中，很多公司兴致勃勃到南极开展捕捞磷虾的活动，最终由于无利可图而放弃。对南极磷虾捕捞的另一个限制是渔区的划分，尽管人们说南极磷虾的储藏量很大，人类的捕捞量只是其中一小部分，目前看还不会对南极磷虾资源造成破坏，但是并不是整个南大洋都适合捕捞作业，如果集中在几个磷虾密集区进行捕捞的话，南极磷虾资源照样会受到很大影响，所以南极生物资源保护组织对南极的渔业活动是有严格限制规定的。

合理捕捞量的确定，关系到南极磷虾资源的保护。现在人们最担心的事情是一些捕捞者不按照市场规律办事，用政府的补贴而开展大规模的南极磷虾捕捞活动，那样会迫使南极生物资源保护组织出台更严格的管理制度，甚至引起国际纠纷。所以对南极磷虾的综合开发利用进行系统探索，研究获得市场认可的开发模式，是保护南极生物圈的基石——南极磷虾的关键环节。

# 第六章
# 瀚海大洋里的
# "果冻"生物
## ——奇妙梦幻的水母家族

## 引 言

水母是瀚海大洋里的"果冻"生物，晶莹剔透，婀娜多姿。相比其他的海洋生物，它们的进化地位低等、身体的各个部件简单而神秘。它们好似一个游牧在海洋里的部落，包括多种家族，大部分家族温文尔雅，但身体里却有不同程度的毒素，有的家族已经登上了海洋十大毒物的排行榜，这让人们望而却步。随着人类文明的进步，社会的发展，它们不但游荡在海洋中，还走进了人类的生活。它们既可以在海洋中与人类和平共处，成为人类的朋友；有时候它们又会使坏，给人类带来危害，成为人类的敌人。它们就是这样一个矛盾体，既人见人爱，又让人敬而远之。

## 多种多样的水母家族

水母是一类古老而低等的浮游动物，身体结构非常简单，起源于5亿多年前的寒武纪，曾经是海洋中的主导性生物。在过去的5亿多年间，地球上的生物经历了5次大的灭绝事件，但水

母却奇迹般地生存了下来，而且在全球海洋中不断繁衍。由于大部分水母家族身体中有攻击或防卫性的刺细胞，因此属于无脊椎动物中的刺胞动物。只有极少部分水母家族身上有几列像梳子状的栉板，它们可以显出美丽的虹彩光泽，有的可在夜间发出浅蓝或浅绿色的光，这类水母家族属于栉水母。有触手的栉水母一般没有刺细胞，这类家族一般都具有生物发光性。水母家族多种多样（图6-1），在科学分类上有些属于水螅虫，有些属于钵水母，有些属于方水母，有些属于十字水母。全世界的水域中有几千种水母，个体大小直径从几毫米到几米，而且它们的形状各不相同，最大的水母的触手可以延伸约10米远。其生活习惯也有很大不同，除了很少部分的水母家族需要附着在某种物质表面生活外，大部分的水母家族都可以在水中自由自在地过着游泳的生活。另外，水母的分布广泛，除了很少部分水母家族生活在淡水水域外，大多数水母家族都生活在世界各地的海洋中。水母本身

图6-1 多种多样的水母家族
从左至右：一种钵水母，栉水母及管水母

的寿命很短，它们的寿命大多只有几周或几个月，也有的可以活到一年左右，有些深海的水母活的时间更长些。

# 充满机遇和挑战的水母生存之道

　　水母从出生到死亡的生活历程非常复杂，少数家族一辈子都在水中自由自在地过着游来游去的生活。大多数水母家族都会经历两种不同的生活方式：一种是没有性别的水螅阶段，这个阶段全部在海底完成；另一种是有性别之分的水母阶段，这个阶段在水体中完成。这两个阶段在一年中相互交替一起完成水母的整个生活历程（图6-2）。在水母阶段中，当长成大水母的水母爸爸和妈妈相遇后，产生精子和卵子并受精，获得受精卵，这是最小的水母宝宝，然后发育成浮浪幼虫，再沉入海底成为水螅体，进入没有性别的水螅体阶段。当环境条件合适的时候，水螅体会逐步变态，长成横裂体，然后释放成像碟子一样形状的碟状体，最后再变成小水母，这样就进入水母生活阶段了。我们常见的水母指的就是肉眼可见的有性别之分的水母形态。还有些水母繁殖的时候像出芽一样，在自己的身体上长出一个小芽，这个小芽本身就是一个水母宝宝，水母生出的小水母虽能独立生存，但母子之间似乎感情深厚，不忍心分离，因此小水母一直都依附在妈妈身体上。不久之后，小水母又生出孙子辈的小水母，依然紧密联系在一起，这样繁殖后的水母能三代同堂，令人十分羡慕。

　　考虑到水螅体和水母体分别生活在海底和海水中，所以水螅体生活在相对安定的环境中，而水母体则生活在充满风险、不稳定的环境中，环境决定其命运。水螅体通过横裂生殖的方式产生水母体，是水母扩大生存空间、寻找新的栖息地的生殖方式。能够使水母度过不利环境、在亿万年的历史长河中生存繁衍下来

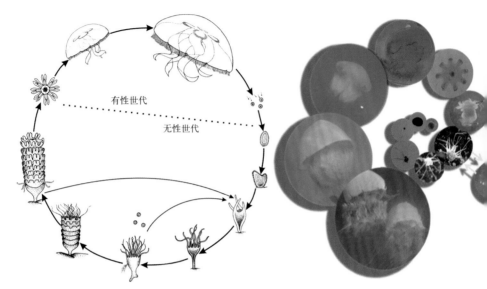

有性世代

无性世代

图6-2 水母的生活史复杂而神秘

的一个重要因素是，由于它们具有两个不同生长阶段交替的生存能力。它们可根据环境条件的变化而选择自己的生存方式。无论如何，在水母生活历程中的关键阶段是水螅体阶段，它生活在相对安定的底栖环境中，水螅体在环境不利的条件下也能够休眠，它具有多种不同的繁殖方式以适应环境的变化：它既能够通过足囊、出芽、分裂等多种无性繁殖方式产生新的水螅体，也能通过横裂生殖的方式产生碟状体。水螅体繁殖方式的改变取决于环境的变化。通过横裂生殖产生碟状体是水螅体离开海底、离开它们熟悉的环境、寻求新的栖息地的关键生存之道。它也可以选择继续待在原地进行足囊、出芽、分裂等无性生殖。从碟状幼体起，它们就开始了随波逐流、充满风险、前途未卜的流浪生活。它们将被风和流带到完全陌生和未知的世界，将面临饵料短缺和被捕食等众多风险，在成熟之后还将面临的风险是雌、雄个体能否在水体中相聚在一起、产生的雄性和雌性配子能否顺利结合从而通过有性繁殖产生另一种形式的幼体——浮浪幼虫。浮浪幼虫又将面临找不到合适的附着基、被摄食、环境不适宜等方面的风险。这个过程尽管充满风险，却为水母度过不良环境、增加生存机会、扩大生存空间提供了机遇。每年都会有一部分水螅体离开海底，变为水母，为种群繁衍而冒险去寻求新的生存空间。

# 水母惊人的繁殖力和生长力

水母不但有着复杂而神秘的生活方式，在环境条件有利时，机会主义地选择不同的繁殖方式。它们还有着惊人的繁殖力和生长力。它们或有很强的无性繁殖力，或有很强的有性繁殖力。有的水母家族，如海月水母，在无性别繁殖时，它们的数量会呈指数式增长。它们在不同环境条件下有7种无性繁殖方式，它们可以在短时间内克隆自己的身体，复制产生大量与自己同样的个体。有的种类在进行有性繁殖时，一只水母个体就会产生几亿个卵子，可生产出大量自己的后代。在从水螅体变为碟状体后，水母的碟状体在3至4个月内就能使自己的身体重量增长几亿倍，可见其惊人的生长力。它们这种生活方式本身可能就是造成一定时期里水母暴发的生物学潜在原因。

# 特殊的身体构造

水母之所以被称为"果冻"浮游动物，是因为水母身体的主要成分是水，其体内含水量一般可达96%以上，身体的其他成分则是由蛋白质和脂质所构成，这使得它们的身体柔软并富有弹

性。在海洋中，拥有一个透明柔软，含水量如此高的身体是有很大的优越性的，比如不容易被天敌发现，营养要求低，容易在水中漂浮，容易吞噬食物颗粒等。水母的身体组织非常简单，体现了其低等生物的特征。它由内外两层组成，由内层构成简单的体腔，只有一个开口，这个开口既是嘴也是肛门，兼具捕食和排泄两种功能。内外两层间有一个很厚的中间层，不但透明，而且有漂浮作用。它们不像鱼，水母没有心脏、血液、鳃和骨骼。它们在运动的时候，利用身体内挤水产生的反作用力前进，就好像一顶圆伞在水中有运动地漂游。

水母的伞部内有一种很特别的腺体，可以产生一氧化碳，使伞部膨胀起来。当水母遇到敌害或者遇到大风暴的时候，就会自动将气放掉，沉入海底。海面平静后，它们只需几分钟就可以产生出气体让自己膨胀并漂浮起来。水母触手中间的小柄上有一个小球，里面有一粒小小的平衡石，就像是水母的"耳朵"。由海浪和空气摩擦而产生的次声波冲击平衡石，刺激着周围的神经感受器，使水母在风暴来临之前的十几个小时就能够得到信息，从海面上一下子全部消失了。有些水母家族的身体不但五颜六色，而且本身还会在水中发光。有些水母家族如栉水母家族就可以发出微弱的淡绿色或蓝紫色的光芒，有的甚至还带有彩虹般的光晕。当它们在水中游动时，就变成了一个光彩夺目的彩球。有研究表明，水母发光靠的是一种叫埃奎明的奇妙的蛋白质，这种蛋白质和钙离子混合时，就会发出强蓝光。埃奎明的量在水母体内越多，发的光就越强。

## 水母的共生伙伴

水母遇到猎物，十分凶猛，从不轻易放过。但是就像犀牛和为其清理寄生虫的小鸟共存一样，水母也有自己的共生伙伴。有一种共生的鱼类，它是一种双鳍鲳，体长最长7厘米，它可以自由自在地在水母的触手之间游来游去，没有一丁点害怕的意思。当遇到自己天敌的时候，这个共生小伙伴就会游到水母大伞下的触手中间去，这里就像一个"避难所"。如果有敌害攻击，水母的刺细胞不会放过它，这样它们利用水母的防卫装置，巧妙地躲过敌害的进攻。有时，双鳍鲳甚至还能将大鱼引诱到水母的狩猎范围内使其丧命，这样它还可以享受到水母吃剩的食物碎屑。那么水母触手上的刺细胞为什么不伤害双鳍鲳呢？这是因为双鳍鲳行动灵活，能够巧妙地避开触手丝，不易受到伤害，但是偶然也有不慎死于触手丝下的。水母和双鳍鲳共生一起，合作共赢，水母"保护"了双鳍鲳，而双鳍鲳又吞掉了水母身上栖息的小生物，两全其美。还有一种相对安全的黄褐色水母，大部分时间倒立于水底。这种水母在热带海域很普遍，在浅水码头也经常能看到。有时候龙虾幼虫可附着在这种水母的气胞囊顶部"搭便车"，人们通常认为龙虾幼虫是借水母的这辆有触手的、有规律跳动的车来避开敌人。

# 水母的捕食方式及刺胞毒性

水母没有呼吸器官与循环系统，只有原始的消化器官，它们捕获猎物后立即在腔肠内进行消化吸收。水母的触手既是消化器官的一部分，也是它们进行防卫和攻击的武器。水母实际上不过是被一圈儿触手围着的一个大肚子，它们喜欢吃的食物多种多样，主要包括其他浮游生物、鱼卵、仔稚鱼以及有机碎屑等，因此水母属于肉食性动物。它们是海洋食物链条中的重要组成部分，它们在海洋物质循环和能量流动中担任重要的角色，对维持生态平衡有着重要作用。水母通过有节奏地抽吸肚子来运动，有些水母游到水面以后，再缓慢下沉，在下沉过程中捕捉那些不够警觉的猎物，接着它们再回到水面重复这一过程。它们特殊的刺细胞长在触手上，像一套小型的子弹系统，用来捕捉和麻痹猎物并将其送入胃中。有些水母家族的刺胞是带刺的细丝，能释放出具有麻痹作用或者当达到一定量时就会致命的毒素。不同水母家族之间的毒性差别非常大。常见的海月水母具有伞状的刺丝囊并且它们的触手相对较短，毒性非常弱。相比之下，箱形水母具有小立方体状的刺丝囊，长度不到15厘米，每个刺胞囊下方的角落里都可伸展出一丛丛细长的触手。这一类水母中的有些种类就是海洋中的十大毒物。水母中最危险的莫过于澳大利亚及菲律宾沿岸的太平洋立方水母，这种水母能使人留下永久性的伤疤，使人致病或精神受到损伤。与水母相关的珊瑚也有类似的刺细胞，但是只有火珊瑚的刺细胞具有毒性。

　　有一类水母属于管水母家族，严格来讲它们只能算是水母的近亲。最常见的管水母是危险的葡萄牙僧帽水母。它的表面是蓝紫色的气球状结构，而下面是能将人刺得很痛的蓝色触手。尽管管水母看起来很像一个水母，而实际上它们只是一群浮游的群体。单个的生物是组成这个群体的最小单位，每个单位有不同的分工。一些生物组成悬挂于充满气体的浮囊下面的触手，还有一些个体组合成口和肚子。食物一旦消化，营养物质通过公共的体腔扩散到群落中的每个个体。研究管水母的科学家曾在深海中遇到过体长达20米的管水母群体，尽管大部分的管水母群体并没有这么大。一种称为"顺风水手"的管水母是蓝色的、小的、无害的动物，它们有着号角状的浮囊或"帆"，迎风突出在海面上。葡萄牙僧帽水母及"顺风水手"

的浮囊使它们能停留在食物丰富的海面，但也导致它们在风和流的作用下而被冲走。

栉水母看上去与带有刺胞的其他水母相似，它们同时也是凶猛的肉食者，用黏性触手捕获食物颗粒或用它们特大型的口吞噬食物。大量的栉水母聚集到一起能使水面看起来像一大片果冻。从这片果冻中游过虽然没有危险但也会令人感到十分不舒服。

# 水母是海洋中最危险的海洋动物

不同家族的水母，毒性强弱不同，其所分泌的毒素性质和危害也不同，因此它们蜇伤人体后可造成的损伤程度不同。比如，漂浮于我国黄海一带的沙海蜇，能分泌肽毒。海黄蜂水母，刺丝可分泌类似眼镜蛇毒，对人类的危害最大，蜇伤后5分钟即可致人死亡。僧帽水母蜇伤人体后，蜇伤者多日才能消除伤痛。一般来讲，盛夏时节，是水母生长活动的旺季，遇到外界刺激，水母的刺丝囊会立刻释放出刺细胞。它是毒素最集中的地方。即使水母已经死掉，它的毒液还会在海里存留很长时间。人被蜇到后，毒素通过刺透人体皮肤的触须进入人体内循环系统，很快导致体表局部红肿，继而会因个人体质差异出现胸闷、气短、心跳加快，重者可能导致死亡。不要小看水母毒素的威力。科学家曾经做过水母药理研究，他们从沙海蜇的刺丝囊内提取出了一种综合性毒素，量稍微多点儿就能把一只小老鼠毒死。但是也不要过度惊慌，在海中如果发现水母，最好避开绕行，一旦被水母碰到后，万一不小心被它蜇了，记住一定不能用淡水冲洗，以免促进毒液释放，加重伤情。可以适当用海水洗伤口，然后涂抹白矾，并尽早去医院治疗。

# 水母暴发具有灾难性的后果

近年来，由于越来越多的人类活动的干扰及气候变化使海洋的生态环境发生了很大的变化，不同家族的水母在全球许多海域中的数量增加甚至出现了暴发的事件。比如：白令海海刺水母的数量20世纪90年代比80年代增长了10倍，黑海的海月水母20世纪80年代末达到了3亿至5亿吨。同样，地中海、纳米比亚、南非西海岸、墨西哥北部湾及南大洋等海域均不同程度地出现水母数量增多的现象，给当地造成了严重的经济和生态损失。在东亚海域，1990年以后，日本濑户内海的超富营养化（氮与磷比例很高），使得水母大量旺发，相应海域的渔业产量在1982年至1993年12年间下降了43%。自20世纪90年代中后期起，我国渤海辽东湾、东海北部和黄海南部海域也相继出现了大型水母暴发的现象，并有逐年加重的趋势，尤其是2003年可以说是"水母年"，伴随而来的网具撑破、网眼堵塞、传统渔场无法生产等情况，对东海、黄海夏秋汛的海洋渔业生产造成了很大影响。由于水母和许多鱼类及其仔鱼都吃同一类食物，它们存在摄食竞争关系，因此当水母大量增长时，水域中浮游生物的数量在短时间内急剧下降，甚至可降至为零，从而可能造成仔鱼、稚鱼饥饿甚至死亡，使本来业已匮乏的渔业资源更得不到及时的补充。水母暴发或增多也会给人类带来经济和社会方面的问题。例如水母的暴发可造成很多国家的核电站、火力发电站、海水淡化厂和滨海化工厂的冷却水口堵塞，从而对这些工厂的经济效益造成影响。另外，当水母暴发时，人们在进行渔业、养殖生产或游泳时被水母蜇伤而导致中毒或死亡的事屡有发生，甚至迫使很多海水浴场和滨海游乐设施关闭，给旅游业造成严重影响。由此可见，水母暴发是继赤潮灾害之后最重要的动物性生态灾害。

# 水母也并非一无是处

虽然水母暴发在某种程度上有害于生态环境，或可造成很大的经济损失，但它们也可能给暴发海域带来生态和经济利益。比如在切萨皮克湾，由于捕食原因，大西洋海刺水母的暴发在一定程度上控制了淡海栉水母的数量，这样就减少了淡海栉水母对双壳幼体和面盘幼体以及桡足类的捕食。在北海有研究表明一种鱼的稚鱼和水母的数量呈正相关关系，就是因为这种水母可能为幼鱼提供了庇护所和食物。日本的濑户内海虽然其他种类的鱼减少了，但海月水母的增加也伴随着鲳鱼的增加。目前全球对水母产量的需求正在增加，虽然最近澳大利亚、美国、欧洲、非洲和南美洲也开始了水母渔业，但亚洲的产量占世界总水母渔业产量的99.9%。中国是最早食用海蜇的国家，自古以来水母就被认为对人类的健康有益。临床研究表明，水母对关节炎和抑制免疫反应等方面有好处。另外绿色荧光蛋白就是从多管水母中提取的，目前被广泛应用于分子生物学，被认为是一场生物技术的革命。另外水母还是水族馆里的观赏水生物，具有观赏价值，既能陶冶情操也有很大的教育意义。

# 中国近海的水母暴发

水母暴发在中国海域主要出现在渤海、黄海和东海。近年来，春夏季节用渔业资源网拖上来的渔获物中平均80%以上是水母，对中国近海生态系统造成严重灾害。目前在我国近海出现的大型水母主要有4种：海蜇、沙海蜇、海月水母和霞水母。其中海蜇是一种可食用的重要的渔业资源，但是由于过度捕捞等方面的原因，自然海域中海蜇的数量很少。沙海蜇是影响渔业资源的

最重要的种类，沙海蜇成体直径能够达到1米以上，最大者可达到2米，重量可达100至200千克。海月水母主要生活在富营养化的近岸海域，海月水母的暴发对沿海工业设施造成影响，例如对我国沿海的火力发电厂、核电站、化工厂以及海水淡化厂等工业设施造成很大威胁。霞水母能够捕食鱼类的卵和幼体以及其他种类的水母。沙海蜇、霞水母对人身安全会造成威胁，北戴河、烟台、威海、青岛等旅游胜地的海滨浴场几乎每年都有游客被水母蜇死的案例，对人身安全和旅游业造成很大影响。

# 水母暴发所导致的国际争端

沙海蜇是东亚水域的最重要的大型水母之一，它分布于中国的黄海、东海及日本海。据报道，1920年，1958年，1995年，2002年至2004年沙海蜇在日本海沿岸大量繁殖，每天每张定置网可捕获成千只水母，给日本沿岸各地渔民造成巨大损失，导致日本的渔获量大大减小。自20世纪90年代中后期起，在中国的东海北部、黄海南部、朝鲜半岛沿岸也出现了沙海蜇数量增多的趋势。日本学者在日本海没有找到沙海蜇的幼体，所以他们认为沙海蜇从小生长于中国及朝鲜半岛西部近岸海域（渤海、黄海及东海北部），秋季在这里成熟并进行有性生殖，产生的水螅体附着在一定的基质之上，由此认为黄海、东海是沙海蜇幼水母的发生地。他们还认为随着幼水母的生长，水母随着海流向东北方向的济州岛延伸，加上南面的台湾－对马暖流的作用，这样有可能使黄海与东海北部该沙海蜇幼水母随水流沿日本海北上，然后穿越津轻海峡，进入太平洋。但是目前尚缺乏足够的证据证明这个故事的正确性（图6-3）。

图6-3　中国近海沙海蜇暴发

# 导致水母暴发的因素分析

## 气候变化

　　科学家的研究表明一些气候现象对水母数量的变化有明显的影响。美国罗得岛纳拉甘西特湾的一种栉水母在20世纪80年代和1999年出现的时间明显比20世纪50年代和70年代早，数量也明显增加，恰恰在1950年至1999年期间这个海湾春季的海水温度增加了2℃。海水温度的增加与这种栉水母数量的增加和出现时间延长有明显关系。夜光游水母在地中海的数量增多，可能是气候变化导致了这种水母种群在地中海的出现和维持，这种水母的存在与这个海域的海洋环流有关系。变暖的冬季，升高的海洋温度，较大的水平对流为该种群在北亚得里亚海周期性地暴发提供了适

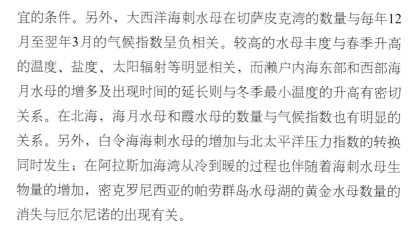

宜的条件。另外，大西洋海刺水母在切萨皮克湾的数量与每年12月至翌年3月的气候指数呈负相关。较高的水母丰度与春季升高的温度、盐度、太阳辐射等明显相关，而濑户内海东部和西部海月水母的增多及出现时间的延长则与冬季最小温度的升高有密切关系。在北海，海月水母和霞水母的数量与气候指数也有明显的关系。另外，白令海海刺水母的增加与北太平洋压力指数的转换同时发生；在阿拉斯加海湾从冷到暖的过程也伴随着海刺水母生物量的增加，密克罗尼西亚的帕劳群岛水母湖的黄金水母数量的消失与厄尔尼诺的出现有关。

除了气候变化，更重要的是人类活动对水母数量的影响。人类的活动包括富营养化、渔业过度捕捞、养殖、生物入侵、水坝、核电站的港工建设等造成了近海生态环境的变化，这些变化可能为水母的大量生长创造了条件。

## 富营养化

营养盐浓度的增加及营养盐中不同元素的比值变化（如氮元素和磷元素比值的增加），会导致浮游生物数量增加，浮游植物群落从硅藻向甲藻转变。接着营养物质再沿着食物链使浮游动物小型化。水母是滤食生物，鱼类等是捕食性生物，二者在获取食物的方式上是不同的，所以海洋生物小型化对水母的暴发具有促进作用而对鱼类等生物是一种阻碍。因此水母可能比鱼类更适合在以微型浮游生物为基础的食物网中繁殖。富营养化通常与低氧环境联系在一起，尤其在水底层。一般来讲，鱼类在氧浓度小于每升2至3毫克的情况下就会逃避或死亡，但是许多水母种类可忍受小于等于每升1毫克的低氧环境。除了几种水母体包括海月水母和栉水母对低氧有很大的耐受性外，水螅体对低氧也有耐受性。水母的这种特性使得它们能适应更多的环境。反过来，水母多了，那么水母对浮游动物的摄食就会增加，这样就不会有那么多的浮游动物对浮游植物进行摄食了，那么未被摄食的浮游植物数量就会增多，造成可能的"赤潮"现象（浮游植物聚集）。

## 过度捕捞

首先，如果人类把海洋生态系统中的上层营养级——鱼类过多地从海洋中取走，以水母为食的鱼类（如大马哈鱼、鲳鱼、角鲨鱼等）的减少意味着水母天敌的减少，从而有利于水母的生长；其次，以其他浮游动物为食的鱼类与水母的饵料是重叠的，鱼类的过度捕捞对水母来说，鱼类的减少意味着降低了饵料竞争，有利于水母的生长。一种管水母在美国缅因州的增加可能是由于那里的食浮游动物饵料的鱼类减少而造成的。另外在黑海也有水母的增加可能与过度捕捞引起饵料鱼类减少的相关例子。

## 水产养殖

近年来全球水产养殖的发展，无意中给水母种群提供了更多的生长空间。首先，养殖过程中饵料的使用，可能造成水体的富营养化，从而促进水母种群生长繁殖。其次，养殖载体如筏子、波纹挂板等的放入为水母类的底栖幼体提供了更多的附着基质，从而为水母种群更多地繁殖提供了有利条件。比如，牡蛎和鱼2003年前在中国台湾地区的大鹏湾广泛养殖，伴随着的是很多海月水母出现，但后来当养殖筏去除后，海月水母消失了。再次，某些凤尾鱼、沙丁鱼、鲱鱼等饵料鱼类被捕捞后喂养养殖的经济鱼类，这些以浮游动物为食的饵料鱼类的减少就为其食物竞争者

水母类提供了机会，它们又会投机生长。

## 港工建设

随着经济的发展，人类在近海或沿岸建造了许多建筑，包括码头、船坞、防浪堤、石油钻井平台、人工鱼礁等。所有这些建筑都可能为水母底栖阶段的水螅体提供繁殖所需的基质。比如，很多水母暴发的事件就发生在半封闭型海湾，而这些地方均是受人类活动影响最频繁的区域。当然其原因不单单是这些建筑的修建，也包括上面提到的养殖和过度捕捞等多种因素。另外，还有随经济发展而带来的其他人类活动，如挖泥船的使用、海水浴场的建设、核电站或其他能源发电厂的建立（通常用沿岸水冷却并向海洋排出热水），这些干扰均改变了海岸线的原貌，形成对水母生存可能有利的条件。

## 生物入侵

全球由生物入侵造成水母暴发的例子有很多。20世纪80年代末淡海栉水母在黑海的大量繁殖，随后又传播到亚速海、地中海和里海；最近淡海栉水母在北海和波罗的海的出现也是该水母再次传播的结果。一种海蜇属的水母于20世纪70年代中期在地中海初次出现，现在它们已遍及地中海东部的全部海岸线。生物入侵在不同海域之间的传输主要是通过压舱水，或者通过水族馆之间的贸易往来等途径。新入侵的水母种类通常在开始时大量繁殖，接着强度会减小，但这个阶段会为以后强度更大的生长提供基础。当环境条件合适时，它们就会大量暴发，这又为它们被带到下一个新海域提供了更多的几率。

总之，造成水母暴发的因素是多方面的，多种可能性原因的综合作用造成水母数量的增加，比如在人类活动较多的西班牙的小海（Mar Menor），由于富营养化和多种建筑的修建，底栖的生境由沙变为泥，海藻代替了海草，底层水变成缺氧环境，渔业资源的衰退，加上牡蛎的引进，这些均给水母的生长提供了条件。在黑海，因筑坝而减少了淡水输入，导致严重的富营养化，使得浮游动物的种群结构发生了改变，加之过度捕捞造成的浮游生物摄食者的数量减少，均使得入侵者淡海栉水母利用有利条件而大量繁殖。

　　我国近海水母数量的增加与人类活动的干扰，尤其是海洋底部生态系统的破坏息息相关。水母体虽然生命周期很短，只有几个月，但是水螅体可以活很多年，它们以无性生殖的方式产生很多的水螅体，最终产生很多水母体，因此抓住海底的水螅体进行研究是关键所在（图6-4）。我国研究人员利用潜水、水下机器人的办法在现场搜寻水螅体，他们还在实验室内对几种灾害水母进行人工繁殖及培养，研究水螅体对各种附着材料的选择性，结果表明它们都能很容易地附着在玻璃、塑料垃圾、贝壳等硬质介质上。研究人员还把这些不同种类的水螅体放在野外进行同步跟踪观测。结果表明，天敌底栖生物对水螅体的摄食量是相当惊人的，因此水螅体的天敌如海牛、底栖虾类等对水螅体数量具有相当大的控制作用。如果天敌生物的数量和多样性减少将会增加水母水螅体增殖的几率。另外，由于附着生物与水螅体可进行空间竞争，如果自然界附着生物减少，也会增加水母暴发的几率。人们在近海海湾的港工建设，如跨海大桥、水坝等，这些都为近岸的水母提供了广阔的没有其他生物竞争的附着基，将很大程度上有利于水母的暴发。

　　另外，从水母体的研究角度看水母的暴发问题主要包括两

图6-4 大型水母的水螅体和碟状体

方面。一方面，由于我国人类活动，如过度捕捞，致使黄海、东海渔业资源的减少，与其存在捕食和摄食竞争的水母就会趁机生长，造成大量暴发。科学家的研究表明东海、黄海海域水母数量的剧增正伴随着渔业资源密度的下降。另一方面，黄海、东海海域水母的暴发与全球气候变化引起的区域性生态系统稳态转变也不无关系。因为东海、黄海大型水母的大量聚集现象，不是近年来才出现的现象，事实上，即使是渔业资源状况良好的20世纪60至70年代期间，黄海、东海的海洋渔业生产中也发现过局部海域有大量水母积聚的记录。

事实上，从水母生活史本身理解水母种群的暴发原因是非常必要的。水母种群的暴发是对环境变异和动荡环境的一种应激

114

反应，是一种生物迁徙行为，其目的是逃避动荡的环境、扩大分布范围、寻求新的生存空间、为种群繁衍寻求更多的机会。这是水母在几亿年的漫长历史演化过程中能够生存下来、持续繁衍的一个重要特征。温度和饵料是控制水螅体发育方向和生殖策略的关键因子。温度的变化的确会影响水螅体释放出碟状体，而进一步生长成水母体。研究表明，海水底层温度对水母暴发起着至关重要的作用。海月水母、海蜇、沙海蜇和霞水母等都有一个共同的特点：在受到温度变化时进行横裂生殖、产生碟状幼体。所以温度的变动是促使水螅体向横裂繁殖方式转变、产生碟状幼体的必要条件，而丰富的饵料是保障幼水母发育成功的最重要的条件。在动荡的环境下，温度变动、饵料生物数量变动等将促使水螅体向横裂生殖的方向发展，这有利于水螅体扩大分布范围、增加生存几率、适应不良环境。

总之，极端气候的增多、海洋中鱼类数量的减少、底栖生态系统的破坏和海岸带工程建设等都是导致水母暴发的重要因素。这些因素在相当长的时间内难以改变，所以水母数量将在很长的时间内很难通过生态系统自身的调整来消除。水母一旦成为生态系统中的主导性生物，生态系统的结构与功能就会发生根本性的改变，而且在相当长的时间内难以恢复。目前，我国渤海、黄海、东海都存在这样的风险，中国近海水母暴发可能是生态系统衰退的指示。水母已经存活了5亿年，经历了数次气候环境巨变，包括5次大灭绝事件，当海洋生态系统衰退时，它们的数量可能就会很明显地表现出来。

# 第七章
# 大洋深处的绿洲
## ——深海化能生态系统

# 引　言

　　犹如安徒生童话放飞了欧美孩子童年的梦，古老的东方神话则让每一个中国孩子的童年在五彩斑斓的梦境中翱翔。在许许多多的故事中，西游记为我们编制了最绚烂多彩的世界。孙悟空的大闹天宫、嫦娥玉兔陪伴的桂花树以及深海龙宫的壮丽景象，闭上眼睛，每个孩子都能信手拈来，正是这些故事吸引着炎黄子孙不断探索未知世界的秘密。

　　转眼来到21世纪，我们对生活的世界有了更多的理解，在这个过程中，无数的神话被定格为永恒的奇幻故事——童年的斑斓世界终究只是南柯一梦：玉皇大帝居住的天宫只是一片冰冷的虚无；月亮上没有嫦娥玉兔，有的只是坚硬的岩壳以及陨石撞击的萧瑟；茫茫洋底，似乎只是一片死寂，没有阳光，生命罕至，深海龙宫看来也是一片凄凉。难道所有的神话都要破灭？1977年"阿尔文"号一次深海探险的奇妙际遇，向我们展现了"深海龙宫"的一角。在冰冷黑暗的深海中，隐藏着一个奇妙的世界——生机勃勃、与众不同的化能生态系统。本章就让我们跟随"阿尔文"号等深海勇士的步伐，重游"海底两万里"，了解这个神奇的世界。

> **深海**
>
> 广义的深海是指水深超过200米，即大陆架以下的整个海域，包括深海、深渊和超深渊。而通常深海是指1000米以上水深，自然光难以透入，无法进行光合作用的水域。另外，在海洋中，每加深10米，就会增加1个大气压，深海典型的环境特征之一就是高压。一般温跃层以下温度趋于稳定，1000米左右为3℃至4℃，随深度增加缓慢降低，热液、冷泉除外，温度变幅较大。此外，深海含氧量较低，盐度比较恒定。

# 打破寂静
## ——深海并非生命荒漠

对深海生物的研究始于19世纪初，由于研究条件的限制，深海调查活动屈指可数。当时的生物学家普遍认为万物生长靠太阳，因此理所当然地认为在暗无天日的深海世界是一片死寂的世界。此外，足以将坦克压扁的数百个大气压力更是将深海世界同死亡画上了等号，这一观点同样似乎得到了早期垂直拖网生物调查的佐证。

直到1860年，当人们对大西洋海底电缆进行维修时，意外地发现电缆表面居然生活着密集的珊瑚、蛤蜊等生物。这对于海洋学家来说是一个石破天惊的发现，也引发了人们关于深海世界的无限遐想——原来深海世界并不孤寂。

1872年至1876年，英国"挑战者"号在环球考察的过程中获得了一批深海生物样品，共采集到底栖生物、浮游生物和深海鱼类4700多种，并第一次在水深6250米处采到一些罕见的生物样品，由此确证深海存在生物。

此后，欧美一些国家相继开展了深海生物调查。美国于1930年用潜水球进行生态观察，到20世纪中期已积累了许多有关深海生物的形态、分类和分布的研究资料。翻开《下潜半英里》，深海的奇妙生物跃然纸上——自带灯笼的鮟鱇鱼、散射幽红色彩的

深海中奇异的生物

章鱼、透明巨嘴利齿的怪鱼和幽灵般鬼魅的发光水母，俨然魔幻世界一般。BBC的纪录片《*Blue Ocean*》会带领读者领略深海生物的神奇。

即便如此，20世纪60年代前深海在海洋学家眼中仍然是近乎一毛不拔的荒漠。深海荒漠也得到了当时越来越多研究的证实：水深200米以下，基本就没有什么海洋生物能够直接利用太阳光获取能量，在那里，多数海洋生物的食物来源就只能指望"天上掉馅饼"了。但上层海水生产力中仅有约1%的有机碳得以输送到5 000米深的洋底，深海世界异常贫瘠，从这个层面讲，深海世界是不折不扣的不毛之地。

### 深海生物的适应机制

为了适应深海高压、寡营养、低（无）光照等恶劣环境，深海生物进化出一整套适应机制，对于依靠上层沉降下来的海雪为生的生物而言，其主要生态特征为嘴特别大，牙齿尖锐，眼睛或触觉器官高度发达，身体柔软而有渗透性，以便与外界压力保持平衡，常有发光器官或发光组织，水深超过2 000米时，色泽较暗淡，嗅觉格外敏锐。此外，深海生物也有自己独特的生殖策略，多数生物产卵少，但卵黄多，孵化后能立即独立生活。

虽然深海中生物数量稀少，但种类却非常丰富。随着深水取样设备的改进，并可以把海底表层的岩石和沉积物原封不动地取上来时，人们才发现深海底部绝非"沙漠"，生物多样性之高简直就是"热带雨林"。科学家们发现，许多深海鱼类也已经进化出了应对贫瘠荒漠的本领，如拉文囊喉鱼，它的骨骼肌肉减少，口腔扩大，牙尖锐，可以大幅度地伸展颌骨，几乎可以吞食与其体型相当的大型食物，而且每次吃东西都是狼吞虎咽，吃一次就可以生存很长时间。为了在黑暗中更有效地发现稀缺食物，有2/3的深海动物种类能发光，利用这些微弱的光线它们能诱捕并发现周边的生物。例如鮟鱇鱼，它们就为自己准备了小巧的灯笼。

# 初见芳容
## ——深海化能生态系统的发现

深海化能生态系统的发现则从根本上改变了人们对生命的认识——原来太阳并不一定是地球上所有生命的能量来源，在传统的食物链背后，还隐藏着一条未被探查的"黑暗食物链"，《西游记》中的海底龙宫真的存在，只不过这里的主宰不是龙王，而是其貌不扬的细菌。

早在19世纪儒勒·凡尔纳的《海底两万里》中就描绘了人们在大海里的种种惊险奇遇。而人类对深海生物的认识却是在最近40年里形成的。所谓无巧不成书，加拉帕戈斯群岛在孕育了"进化论"后再次成了生命科学的圣地。

### 众里寻他千百度——如何找到化能生态系统

热液的探查方法通常包括4步：①首先使用安装在船体上的多波束测深仪产生海底"路线图"，描绘待调查洋脊的形状和方位。②使用深海拖曳式侧扫声呐描绘几百千米的洋脊区域（如250千米的洋脊区域）。使用30至120赫兹的侧扫频率，每次可以进行1至6千米的海底条带扫描，通过这种方法，经常可以在几千米之内探测到热液活动。③为进一步调整热液活动的定位，可在洋脊热液喷口附近几百米范围内的水体中进行传感器包的拖曳，传感器包至少包括标准的光学后向散射传感器和温盐深传感器（CTD）；随着技术的发展，目前更高效的方法是使用自主式潜水器或遥控无人潜水器（AUV和ROV）进行高精度的海底网格化调查。首先使用光学后向散射、氧化还原电位和温度传感器将范围缩小在1平方千米的范围内；然后在500平方米的区域内进行完全海底绘图。④将AUV或ROV装备光照和照相系统，从海底上5米的水层，覆盖200平方米的范围内进行拍照，这个范围足以包括整个热液场并可扩展到周围作为"背景"的深海动物区系。冷泉的探测和定位技术与热液相似，但更多根据水体中的气泡或甲烷异常作为信号。

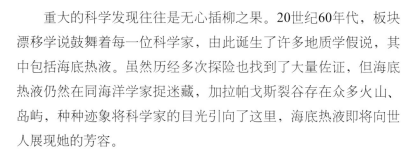

重大的科学发现往往是无心插柳之果。20世纪60年代，板块漂移学说鼓舞着每一位科学家，由此诞生了许多地质学假说，其中包括海底热液。虽然历经多次探险也找到了大量佐证，但海底热液仍然在同海洋学家捉迷藏，加拉帕戈斯裂谷存在众多火山、岛屿，种种迹象将科学家的目光引向了这里，海底热液即将向世人展现她的芳容。

1977年2月15日，上帝和科学家们开了一个大大的玩笑，由于谁也没有预想到这次探险将带来海洋生物学史上最为震撼人心的发现，在随船考察的科学家中，无一生物学家随行。接近午夜时分，海底可视深拖温度传感器突然发出温度异常报告，随即温度又恢复正常。起初，这次小小的温度波动只被当作一次传感器的噪声波动，假若就此放过，热液喷口必将与世人擦肩而过。所幸科学家的严谨让他们抓住了机遇，几小时后当他们整理海底深拖相机传回的图片时，所有人都大惊失色——在温度信号波动时刻拍摄的照片里，视野中出现的不再是贫瘠的火山地形，取而代之的是一派生机勃勃的景象，照片中布满了成片的贻贝。随行的科学家们无不欢欣鼓舞，他们迫不及待地要去一探究竟。紧张的准备后，2月17日一个3人小队乘坐"阿尔文"号载人深潜器下潜到2 438米深的洋底，去寻找照片中的那个"伊甸园"。

"阿尔文"号温度显示器打破了原来的宁静，海水温度由2℃上升到8℃；映入科学家眼帘的仿佛是另外一个世界，海底有个小熔岩喷口正源源不断地喷射热流。伴随锰和其他矿物质的不断析出，海水渐成云雾状，堆积物将喷口围成1至5米高的圆形状，形成"黑烟囱"。而更为令人震惊的景象出现了，海底"黑烟囱"的周围正举行盛大的动物聚会！这些"居民"像是有着某种"自虐"倾向。它们似乎一点儿都不厌恶这个滚烫的、冒着毒气的，甚至散发着恶臭的"黑烟囱"，反而其乐融融！这里熙熙攘攘、拥挤不堪。

这里有着如雪片般密集的微生物，白色的贝、蛤、蟹，黑紫色的鱼，最奇妙的是那里有大片红白相间的如同盛开的玫瑰一般绚烂的"花朵"。"天呐，深海难道不是一片荒漠吗？""阿尔文"号临时船长Jack Corliss（地质学家）大声惊呼，"阿尔文"号发现的不是荒漠，而是生机勃勃的"伊甸园"（图7-1）。

"阿尔文"号就这样意外地发现了独立于太阳能的化能生态系统。此次探险收获颇丰，除了久违的深海热液喷口，还有从此改变许多生物学基本理论的重大发现——化能生态系统。但由于随行人员中没有生物学家，保存这些珍贵的样品成了此次探险队的幸福烦恼——船员和科学家们尽其所能，将压箱底的一瓶福尔马林溶液以及储备的高度伏特加酒派上阵来。轰动世界的重大发现就这样在意外中诞生了。

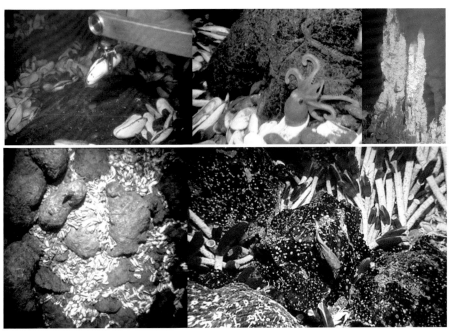

图7-1　1977年"阿尔文"号发现的热液喷口

图片来源：www.whoi.edu

## "阿尔文"号

"阿尔文"号（DSV Alvin）是世界著名的深海潜水器，由美国海军提供资金建造，服务于美国伍兹霍尔海洋研究所（WHOI），主要用于科学考察，可同时搭载1名驾驶员与2名观察员，从1964年6月5日下水服役至今，是美国目前在役的下潜深度最大的深海载人潜
水器。"阿尔文"号以该研究所工程师Allyn Vine的名字命名，以表彰Allyn Vine对提出这样一艘潜水器的理念所起的关键作用。"阿尔文"号初建时，最大下潜深度为1 829米，排水量12吨。1968年在吊放时沉没，1969年打捞成功，1974年重建，此后"阿尔文"号创下了最大下潜深度4 511米的纪录，迄今为止，"阿尔文"号已进行过近5 000次深海科学考察。经过升级修整，升级后的版本可以下潜至约6 553米，升级工作已于2015年完成。

"阿尔文"号深潜器内外景

图片来源：www.whoi.edu

正如板块漂移学说的推论一样，热液系统在大洋中是广泛存在的。1980年美国海隆规划组对东太平洋海隆进行了地球物理探测，发现了1 000米宽的火山带，并在该区域找到了至少25个新的热液喷口。与"伊甸园"的喷口不同，这里的喷口颗粒物颜色不同，黑褐色的被称为黑烟囱，而乳白色烟雾状的喷口则被称为白烟囱。这些白烟囱形状各异，除了标准的烟囱，还有球状的"雪球"。与"伊甸园"一样，这里的白烟囱周边同样聚集了大量的生物，管状蠕虫、螃蟹、长相奇怪的鳗鱼、茗荷，林林总总。2000年12月4日，科学家又在大西洋中部发现另一种热泉，结构完全不同，他们把它命名为"失落的城市"。随着我国深海科研能力的提升，中国人发现并命名的热液不断涌现，比如大名鼎鼎的"龙旗"热液。

# "地狱"魔力
## ——化能系统食物链

在"阿尔文"号发现的热液区域"伊甸园"，水深达2 000多米，可谓与世隔绝、一片黑暗，完全不可能进行光合作用。海雪即便可以到达此深度，输送的物质和能量也是微乎其微的，绝无可能支撑如此庞大的生物群落。

其实答案的线索早在1977年"阿尔文"号满载而归后返航的途中就已给出。科学家们发现放置样品的船舱中总有一股挥之不去的类似燃油气味，后来研究证明，这些气味来自含硫化合物的释放，而这些含硫物质就是管状蠕虫等奇异生物获取能量的重要来源。相对于我们熟悉的太阳能食物链，"伊甸园"中的生物则依靠一条黑色食物链，利用来自地心的物质和能量，使这里的生灵们不断繁衍。

在"伊甸园"中，存在无数的生灵——化能自养细菌，而热液喷口释放的还原性物质，就是它们的"太阳"。这些细菌在高温和黑暗的环境下靠化合作用合成有机物。正是在这些细菌的"供养"下，"伊甸园"的生物才得以生存（图7-2）。

### 化能自养生物

在生物的营养摄取方式的分类中，通过氧化环境中的电子受体而获得能量的一类生物，称为化能自养生物。如果所利用的电子供体为无机物（氢气、硫化氢、低价铁等），就称为化能无机营养生物；如果是有机物（甲烷、氨等），就称为化能有机营养生物。化能自养生物多为细菌或者古细菌。

### 古细菌

古细菌又称古核生物或称原细菌，是一些生长在极端特殊环境中的细菌，过去根据其内部构造没有核膜、具环状DNA结构以及细胞产能、细胞分裂、新陈代谢等生活方式与原核细胞相似，将古细菌归入原核生物。古细菌是现今最古老的生物群，为地球原始大气缺氧时代生存下来的活化石。

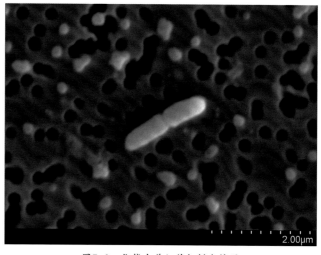

2.00μm

图7-2　化能自养细菌扫描电镜图

以硫细菌为例，获取能量通过以下反应：

$$2H_2S+O_2 \rightarrow 2H_2O+2S+能量$$

$$2S+3O_2+2H_2O \rightarrow 2H_2SO_4+能量$$

热液喷口源源不断地释放着来自地心的物质，其中包括大量的硫化氢、甲烷，这些都是化能自养细菌的饕餮盛宴，利用氧化这些物质获得的能量，化能自养细菌将二氧化碳或甲烷转化为葡萄糖等有机物。这些勤勤恳恳的小细菌是化能生态系统中的其他生物的牧草，滋养了这里的万物。这类细菌会吸引一些滤食生物，或者是形成能与它互利互惠的无脊椎动物共生体，它们构成了"黑暗食物链"最基层的生产者。

有了丰美的"牧草"（化能自养细菌），很快，棕榈虫、庞贝蠕虫、雪人蟹、热泉蛤、具柄水母、无眼裂缝虾、无色小章鱼等大小动物接踵而至，形成一条壮观的"生物链条"，然后又编织出错综复杂的"生物网络"！依靠来自地球内部的原性物质，演化出繁盛的热液群落（图7-3）。

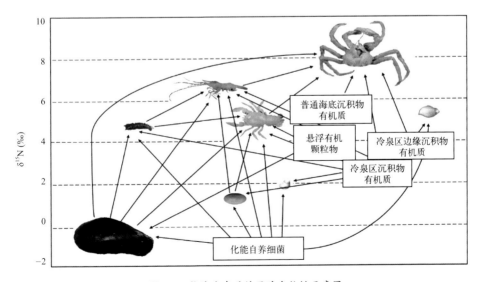

图7-3　热液生态系统黑暗食物链示意图

### 互利共生

共生可以简单地看作是生物生活在一起，相互之间直接或间接地不断地发生某种联系。这类联系可分为：互利共生，对相互作用有利；共栖，只对一方有利，但对另一方无害；寄生，对一方有利，对另一方有害。归纳总结为：互利共生指的是，不同物种的个体生活在一起，都受益的相互关系，也可指相互离开也可正常生存的生物组合中物种间的关系，即合作关系。

### 宿主

术语"宿主"通常被用来指共生关系中较大的成员，较小者称为"共生体"。共生依照位置可以分为外共生、内共生。就外共生而言，共生体生活在宿主的表面，包括消化道的内表面或是外分泌腺体的导管；而内共生，共生体生活在宿主的细胞内或是个体身体内部，在细胞内外都有可能。

在"龙宫"这一化能生态系统中，当家做主的龙王不是眼似灯泡的热液鱼，不是成片出现的蛤蜊和贻贝，不是横行霸道的铠甲虾，更不是行动优雅的阿尔文虾；真正统领这群虾兵蟹将的却是最不起眼的——细菌，它们才是维持热液生态系统运转的王者。这些小家伙有的在海水中自由自在地游来游去，有的以悬浮颗粒物的形态存在，随热液流体喷出，成为"细菌汤"；而有的则定居到它们巨大的邻居体内形成共生体。它们给其他生物提供生存所需要的食物，在整个生态系统的正常运转中起着关键的作用，像"龙王"一样主宰着整个深海"龙宫"的兴衰。

# 你中有我
## ——奇异的化能合成共生

管状蠕虫是科学家在深海"伊甸园"中发现的曼妙神奇的生物。身长能达到1至2米，直径约数厘米。它们上端是一片红色的肉头，下端是一根直直的白色管子，管状蠕虫因此得名，这也让它们看起来很像白茎红花的巨型花朵。管状蠕虫的底部紧紧地粘在海底底层岩石上，红色肉头部分可以活动。红色的肉头有许多片状触手沿着一条中轴线紧密堆积起来，触手上生长着更小的羽状绒毛，看上去像一根根美丽的羽毛。更让人啧啧称奇的是，这些虫子有性别，有心脏，但没有嘴和消化系统，难道这些奇异的生物可以不吃不喝？

原来管状蠕虫体内居住着数以亿计的共生细菌，靠着向细菌收受"公寓租金"，管状蠕虫过着饭来张口的清闲生活！这"租金"，便是化能合成细菌合成的有机物质——这些共生菌从热液中获取硫离子($HS^-$)，又从海水中获得氧气，在这些硫离子氧化的过程中，将会释放能量，用以合成管状蠕虫生存所必需的有机物。

而管状蠕虫也是一个上好的房东，它们选择最好的地方，将房屋建造在热液附近，并深深扎根在喷口烟囱的裂隙中，以获取足够的硫化物。同时管状蠕虫也不忘将火焰般的羽毛伸到水中不断摇摆，这可不是在臭美，摆动羽毛是为了与海水充分接触以获取足够的氧气。

热液口的无脊椎生物就这样为化能合成细菌提供良好的栖息环境和化能合成所需的各种原料，而作为回报，细菌则生产有机物质被无脊椎动物利用。类似互利共生的例子在深海化能生态系统中非常普遍。如蛤、贻贝，在鳃上共生有不同化能自养细菌，利用甲烷等还原物质的氧化产生能量和合成有机物。

在漫长的进化过程中，宿主在不断地进化以更好地适应共生生活方式。例如前面介绍的管状蠕虫和深海贻贝，它们为"房客"们准备了专门的"房屋"——贻贝鳃表皮细胞中形成了特有的亚细胞结构：菌胞；同时，为了增加"旅馆"面积，它们的鳃也更加膨大。管状蠕虫则更加慷慨，形成了特化的营养体，作为共生菌的安乐窝，营养体位于管状蠕虫躯干部的栖管内。庞贝蠕虫、铠甲虾等其他化能生态系统生物，虽然没有建造房屋，也营造了许许多多的临时驿站——密集的鞭状倒刺刚毛，供化能自养细菌落脚。

习惯了饭来张口的生活，"房东"（宿主）某些技能也渐渐退化或消失，例如贻贝和蛤蜊唇片长度变小甚至消失，消化系统退化，消化腺分泌细胞减少，我们称之为适应性进化。

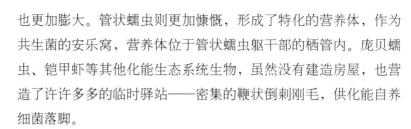

**化能共生菌的特征**

研究表明，目前发现的所有化能共生细菌都属于革兰氏阴性菌，其中个体较小的长度只有0.25微米，大的杆菌长度可达到10微米以上。通常硫化物氧化型细菌个体较小，甲烷氧化型细菌个体较大，具有明显的脊状膜结构。除少部分外，共生菌多属于γ变形菌。

"房东"（宿主）怎样找到如此勤劳能干的"房客"？深海化能生态系统中的"房东"各有各的妙招。一种名为*Vesicomyid*的巨型蛤蜊是个专权的家伙，它们崇尚世袭，通过卵传递共生体，幼体携带着共生体扩散到新的栖息地。与之对应，管状蠕虫和贻贝则是一个十足的拿来主义者，它们的幼体迁移到新的栖息地，并重新感染当地的共生菌。铠甲虾则是一个朝三暮四的家伙，其共生菌附着在体表，但当它蜕皮时，则抛弃跟随它的小伙伴，随后通过同伴间的搏斗、"沐浴"等方式重新感染新的共生菌。

# 魔幻世界
## ——多样的化能生态系统

随着科学家们对以热液为代表的化能生态系统研究的不断深入，人们惊奇地发现，原来深海中的"龙宫"并不孤独。20世纪70年代，科学家们发现了鲸骨遗骸生态系统；1983年，科学家们首次在3 200米深的墨西哥湾佛罗里达陆崖发现了冷泉，大大小小的各种海底绿洲不断涌现，深海化能合成生态系统主要包括热液、冷泉、鲸骨生态系统以及由其他高度还原型生境形成的生态系统。

## 热液（Hydrothermal vent）生态系统

"阿尔文"号发现的"伊甸园"就是最为典型的热液生态系统。深海热液口形成于海床上的火山活动。水从地壳裂缝渗出，被周围岩浆高度加热并溶解金属以及矿物质。这些水流温度可高达400℃，最终从热液口喷出。这些水喷出后与冷水接触，其中溶解的金属和矿物质被沉淀出来，在热液口周围形成烟囱。

深海热液口通常分布于大洋中脊，这里是大陆板块分开新洋壳生成的地方，因此具有丰富的地热资源和频繁的火山活动。受到地热火炉的加热，热液口喷液的温度达60℃到464℃，远高于深海（3℃）。也许你要问，水的沸点不是100℃吗，热液口周围为什么不是蒸汽弥漫？这是由于海底巨大的压力，水的沸点因此大幅升高，在近3 000米的洋底，海水的沸点高达407℃。当温度高于407℃时，热液口喷出的海水处于超临界状态。热液中含有铜、锌、铅、金、银等多种元素，这些元素在喷出后不断沉淀，使热液喷口得以生长。据说一天中一个热液口最多可以长高30厘米呢，最高的热液喷口可以达到60米，甚至形成阿凡达仙境中的镜面湖。

由于热液口喷液中所含物质差异，深海热液并非都是"黑山老妖"，也有"白雪公主"。通常，黑烟囱的喷液中富含锰、铁和其他重金属的硫化物，"黑山老妖"的黑烟就是这些金属硫化物遇冷沉淀的结果。正如白雪公主的温婉，白烟囱的喷液中没有这么多的毒物，其主要成分为钡、钙和硅，而且喷口温度也更低（图7-4）。

热液口环境具有下列特征：①高压、黑暗、温度变化幅度大；②硫化氢和重金属等有毒物质含量高，氧浓度低，pH值低，甚至可达1；③环境不稳定，随喷发状态不断变化。

正如上节向读者介绍的，在热液喷出的丰富养分（硫化氢、甲烷等还原性物质）的滋养下，化能自养细菌驱动了整个热液生态系统的运转。大量的细菌附着在热液喷口附近的海床上，形成了厚厚的菌席，供小型桡足类摄食；奇特的无嘴无肛门的管状蠕虫，通过共生的自养细菌茁壮生长，而其他的生物，则继续着众所周知的大鱼吃小鱼、小鱼吃虾米这一弱肉强食的生命法则。自热液生态系统被发现以来，又先后发现了300多种前所未见的新物种，平均每10天就有一个新物种出现。主要包括管状蠕虫类、蛤类、贻贝类、腹足类、虾类、蟹类以及多毛类等。相对而言，热液生物群的生物多样性比较低，每一个种群密度都很大。如出现在大西洋中脊热液区的一种红色小虾，每平方米差不多有1 500只。而与生活在浅海的同类相比，热液区的蛤的生长速度要高出3个数量级。

热液生物群落是以热液喷口为中心向四周呈带状分布，很大程度上受海底热液所产生的温度梯度的控制，不同类群的生物占据不同的位置，但大家你来我往，并无明显的界限（图7-5）。

热液生态系统明显的温度梯度差异，造就了可以自由行走

图7-4　海底热液的黑烟囱和白烟囱

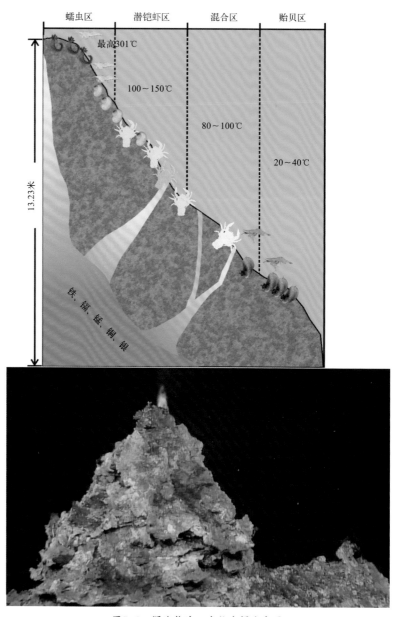

图7-5　深海热液口生物空间分布图

在冰火两重天的奇妙生物，其中包括在上百摄氏度热液喷流中怡然自得的细菌、古细菌以及最耐高温和巨大温差的动物——庞贝蠕虫和拟阿尔文虫。庞贝蠕虫蛰居在自己搭建的细长管子中，没事儿出来四处游荡（图7-6）。经测量，那里的中心水温高达105℃，但专家们仍不敢相信，像蠕虫这样高级的动物，竟能生活在如此的高温环境之中。

图7-6 庞贝蠕虫

1995年11月至1996年4月，美国生物专家利用著名的深海潜水器"阿尔文"号下潜到海底，仔细查看了3根冒着热液的"海底烟囱"：外壁上密密地长满了庞贝蠕虫的白色石管，观察人员用一根特制的温度计伸进石管测量了温度，结果发现，最高值测到81℃，而在我国周边海域发现的阿尔文虫，其管体的温度也超过60℃。

热液生态系统其实离我们并不遥远，在我国东部的冲绳海槽，地质活动活跃，孕育了许多海底热液喷口和渗流区。2014年5月中国科学院海洋研究所"科学"号考察船利用其搭载的"发现"号无人缆控潜水器（ROV）首次对西太平洋热液系统展开现场调查，发现了两个"黑烟囱"和与"伊甸园"一样繁茂的生物群落，共发现生物超过50种——包括成片的深海偏顶蛤和大量海绵、管状蠕虫、铠甲虾、阿尔文虾和帽贝等珍贵样品（图7-7）。

## 冷泉生态系统

海底冷泉（cold seep）是海底富含硫化氢、甲烷和其他碳氢化合物流体渗出的区域。该区域盐度通常略高于周围海水，形成

图7-7 "发现"号ROV在冲绳海槽发现的热液生态系统

海底盐水湖。天然气水合物的分解或者海底天然气从海床薄弱处上升是生成海底冷泉的主要原因。

虽然有个冰冷的名字，但是冷泉的温度可真不比周边海水低，该区域温度通常会略高于周边海水的温度。在海水和甲烷日积月累的作用下，冷泉区形成了其独一无二的地貌——大量碳酸盐岩和暗礁。

1983年，科学家在墨西哥湾佛罗里达陡崖3 200米深的海底发现，极大地拓展了化能生态系统的范围，以甲烷为基础的冷泉生物群落最深可达9 345米，位于Kurile海沟，远深于最深的热液生态系统（Loihi火山，5 000米）；而在我国的近邻日本，深度最浅的冷泉仅60余米。目前，在整个大洋均发现了冷泉活跃的踪迹。

海底冷泉一般发现于深海扩张中心、汇聚板块边界、被动/主动大陆边缘、弧前盆地、断层、泥火山发育的海域。与热液生态系统的点状分布不同，冷泉区渗口可以宽达数百米。与热液喷口的昙花一现不同，冷泉排溢是缓慢和持续的，其生命周期可以长达成百上千年。

冷泉系统中最有名的物质是天然气水合物，也叫"可燃冰"。它不光是一种潜在的能源，也是一种环境因素：只要温度上升或者压力减小，海底的可燃冰就会分解，甚至喷溢出来。这些甲烷可以源于生物成因甲烷、热成因甲烷或混合甲烷。冷泉中的甲烷不仅是属于人类的巨大能源宝库，也是驱动冷泉生态系统的主要燃料，而运转这个生态系统的发动机——正是我们熟悉的化能自养细菌，只不过这些勤勤恳恳的小家伙这次使用甲烷而非硫化氢作为自己的口粮。

## 冷泉生态系统生物的能量来源

在甲烷氧化菌和硫酸盐还原菌的参与下，冷泉流体中的甲烷发生缺氧甲烷氧化反应，反应式如下：

$$CH_4 + SO_4^{2-} \rightarrow HCO_3^- + HS^- + H_2O$$

由此为化能自养生物提供碳源和能量，进而繁衍冷泉生态系统的生物群落。

## 可燃冰

天然气水合物是分布于深海沉积物或陆域的永久冻土中，由天然气与水在高压低温条件下形成的类冰状的结晶物质，其主要成分为甲烷。因其外观像冰一样而且遇火即可燃烧，所以又被称作"可燃冰"或者"固体瓦斯"和"气冰"。

冷泉生态系统的生物群落与热液生态系统有许多相似之处，它们均是黑暗食物链的典型写照（图7-8），各式各样的细菌、古细菌作为"龙宫"的主人主宰着这片海底绿洲，但由于环境相对温和、均一，冷泉系统的多样性相对更低。由于冷泉系统可以绵延许多年，冷泉系统的生物得以悠然自得地生长，因此生物量通常更高。与热液系统严苛（高重金属、强酸环境）、多变的环境不同，冷泉系统的生活节奏安逸舒缓，因此冷泉系统也成了有名的"长寿村"。相比热液系统，这里的生物生长速度缓慢，常常孕育出百岁以上的寿星。科学家发现冷泉系统的管状蠕虫寿命长达250多年。

不同深海冷泉的地质环境差异巨大，渗流成分、浓度也不尽相同，因此不同冷泉系统能够孕育出不同的物种。目前，已被确认的冷泉物种超过200个。在热液喷口，存在多种古细菌群，但参与厌氧甲烷氧化反应的主要化能自养菌是甲烷氧化菌和硫酸盐还原菌。

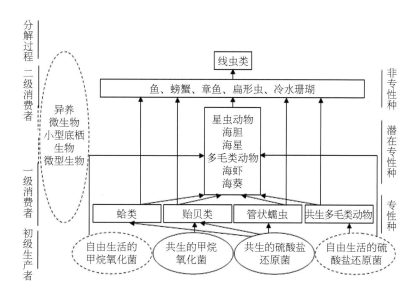

图7-8  冷泉系统的黑暗食物链

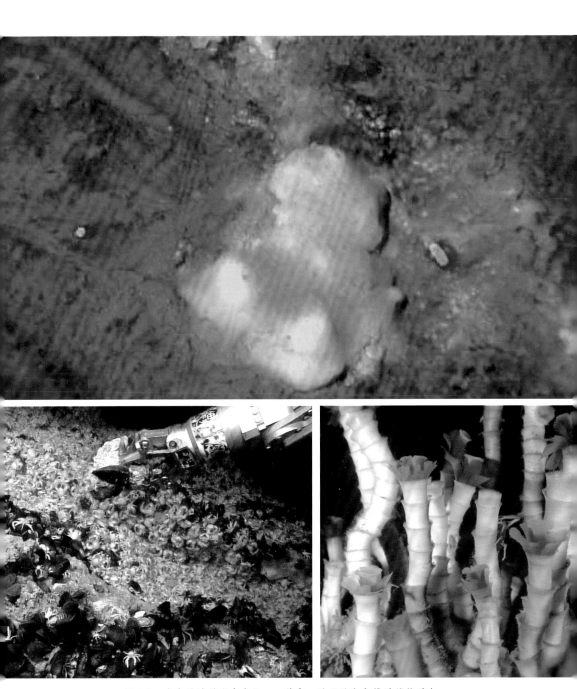

图7-9　冷泉系统的代表生物——菌席、贻贝滩和成簇的管状蠕虫

与热液系统相同，由各种化能微生物构成的菌席和无脊椎生物——化能菌共生体是冷泉群落的牧草，滋养了包括管状蠕虫、以深海偏顶蛤为代表的贻贝、囊螂科的蛤类等（图7-9），而它们又是铠甲虾、螃蟹、章鱼等其他大型动物的捕食对象。

## 深海绿洲间的驿站——鲸骨遗骸

对比依靠太阳光合作用的生态系统，海底绿洲的演替犹如烟花，壮丽神奇却又转瞬即逝。热液系统从诞生到衰亡往往只是数十年的光阴，即便是相对长寿的冷泉，数百近千年的寿命在地质尺度上也只是沧海一粟。崩溃绿洲上的生物是如何穿越横贯在新大陆（新生热液喷口、冷泉）间的荒漠（贫瘠的）深海的？

为了适应这些短暂且分散的栖息地，化能生态系统绿洲中的生物响应早婚多育的号召，快速性成熟并产生大量幼体，以便有更多的宝宝找到新绿洲，安家立业。化能生态系统中的生物具有多种繁殖策略，但最终目的只有一个，将自己的孩子送到更远的地方。幼体可以由底层流输运到热液区一定距离之外（大于2千米），也可以进入上升的热液羽状流，由它将幼体输送至离底层数百米高的地方，然后再向四周扩散至较远的地方。绿洲公民有的妈妈会提早为宝宝准备充足的口粮——卵黄，背着大大的饭盒，即便在深海荒漠中找不到吃的，其幼体也可以长大成熟。深海贻贝像陆地上的蒲公英一样，让它的宝宝轻装上阵以便随波逐流，奔向远方。科学家发现深海贻贝浮游幼体时期可以长达一年之久，这得益于深海的低温环境。

新宝宝们具有神奇的探查能力，它们会追寻化能生态系统的化学信号（如硫化氢），当它们发现新的绿洲后，便重新安营扎寨，繁衍种族。

新老绿洲间有可能相隔千里、万里，新宝宝们即便适应流浪生活，要到达这么远的彼岸也往往力不从心。但科学家使用分子生物学方法研究分布于大西洋中脊、西太平洋的化能生态系统生物，发现许多种类在分隔数千千米的站点之间存在高水平的基因流，这意味着即便远隔千山万水，老绿洲生物的子孙们也可以到达它们的新家。化能生态系统中的生物正是发扬愚公移山的精神，儿子、孙子不断向外推进，直到到达自己的新大陆。而在贫瘠的深海大洋中，有许许多多的驿站，成为这些生物前进的踏脚石。而坠落深海的鲸类尸骸，就是这些驿站中的代表。

如果一棵树倒下，它的躯体很快就会被蜂拥而至的微生物分解；如果一头鲸死在了浅海区，各种腐食者会以更快的速度将有机物瓜分殆尽。然而，在大海深处，生物界遵循着不同的逻辑。世界上绝大部分海域都隶属于大洋，即便是大洋的表层海水，也因为没有固体支撑物、没有陆地河流输送营养成分，生物相当稀少。当一头鲸死在大海中央时，它的庞大尸体会一直下沉到数千米的深海海底，然后在这里点亮一个新的——哪怕大尺度上也不过是转瞬即逝的——生态系统。

早在20世纪50年代，科学家们就发现在鲸的尸骨旁存在着许多前所未见的新物种。1987年夏威夷海洋大学的生物学家们搭乘"阿尔文"号深潜器在卡塔丽娜海盆1 240米的海底发现了沉默的鲸类尸体，科学家们惊异地发现，这里竟然栖息着与"伊甸园"热液系统十分类似的生物——包括成片的硫化细菌菌席以及巨蛤等（图7-10）。

鲸骨遗骸生态系统的演替可以划分为三个阶段：当鲸的躯体抵达海底时，会很快被盲鳗、睡鲨、深海蟹等生物发现。鲸90%以上的软组织会被它们吃掉，这顿饕餮盛宴可以持续长达两年的时间。在接下来的两年中，鲸骨遗骸将会迎来它的第二拨顾

客——以剩余残骸为食的机会主义者，主要包括多毛类和小型甲壳生物。最后，硫化细菌开始蚕食残留在鲸骨架中的有机物。它们爬入鲸骨深处，分解其中的脂类，使用的氧化剂不是氧气，而是溶解在海水中的硫酸盐，产生硫化氢，从而创造出有点类似于深海热泉口的富硫环境——成了类似"伊甸园"的化能生态系统，也是化能自养细菌的乐园，同时滋养了深海贻贝、巨蛤、帽贝等生物。此外，鲸骨遗骸系统还发现了一些特殊的物种：这里有两种蠕虫既没有嘴，也没有消化器官，它们通过附肢里共生的细菌摄取营养。附肢的形态像树根，可用于在鲸骨髓里"挖掘"，细菌将骨中的脂肪转化成糖，蠕虫就靠这些糖生活。

就这样，这些故去的鲸成为了深海绿洲——化能生态系统间的踏脚石。科学家们根据调查结果认为，在深海绿洲居民的迁徙路线上，5至12千米就会出现一个鲸骨遗骸驿站，这足以保障它们的长途迁徙。鲸的到来让这些生活在深海中的生物焕发的新生更加灿烂。

图7-10　沉没深海的鲸尸骨及鲸骨遗骸生态系统生物群落

# 神功护体
## ——化能生态系统中生物的环境适应性

虽然许许多多的可爱生灵在深海绿洲——化能生态系统中怡然生长，但这个世界对于我们人类和近海生物而言都是地狱般的存在。这里一片黑暗，巨大的压力（上百个大气压）无处不在，化能系统环境中的硫化氢、甲烷和重金属都是有毒物质；热液系统更加严苛：包括强酸性的pH环境、巨大的温差等。一方水土养一方人，化能生态系统的生物在漫长的进化过程中练就了护体神功，以适应这些特殊的环境。

### 耐热

迄今为止地球生命的耐热冠军是生活在热液口的一种细菌，被置于121℃的环境中仍然毫不在意，即便在130℃的环境中仍然存活。这些极端嗜热生物与普通生物组成并无太大区别，但DNA和蛋白质排列更加紧密。此外，这些生物三磷酸腺苷（ATP）代谢速度很快，可以迅速补充高温下的代谢消耗。

之前已经讲述了大型生物耐热冠军庞贝蠕虫的故事，它们的尾部附着在热液口壁上，耐受80℃的高温。研究显示，它们体内胶原蛋白水平很高，这种蛋白在高温下更加稳定，而且庞贝蠕虫蛋白质中正极性氨基酸比例很高，这也许是它们维持高温下稳定的法宝。此外，庞贝蠕虫为自己建造的硬管子以及身上的共生菌斑块也能提供一定的高温保护。科学家推测其尾部储存大量的热休克蛋白，以确保结构和功能的稳定。

## 耐压

深海化能生态系统往往隐藏在千米以上的深海，海水压力高达数百个大气压。为了生存，深海动物演化出了一系列的细胞性适应策略。从细菌到高等鱼类，深海生物通常通过增加细胞膜中的不饱和脂肪酸的含量增加细胞膜的流动性，这些生物细胞膜中不饱和脂肪酸含量更高。它们还运用氧化三甲胺的化合物（TMAO）等小分子调节渗透压，帮助蛋白质折叠。

## 解毒抗毒

深海中的重金属和硫化氢对于常规生物可谓不折不扣的剧毒，深海化能系统生物则有自己的解毒方法。以管状蠕虫为例，它们的血液中含有细胞外血红蛋白，可逆结合硫化物，从而防止大量游离硫化物在血液中积累产生细胞毒性。金属硫蛋白等可以结合转运重金属，降低其生理毒性。此外，共生菌们可参与硫化氢等有毒物质的解毒过程。

## 低氧

大部分软体动物的血红素是血蓝蛋白，但是在化能生态系统中，它们被血红蛋白所取代，这种蛋白是更为有效的氧气载体，确保这里的生命呼吸畅通。蠕虫的血液中充满饱和铁质血红蛋白，这也是它肉头部分有着美丽鲜红色的原因。

当历史进入20世纪，人类文明已经摆脱了地球的束缚，触手延伸到太阳系外的宇宙深处。然而当深海化能生态系统展露真容时，世界仍然为之轰动。深海热液环境高温，富含简单有机物，仿佛一锅酸汤，与原始地球十分类似，这一深海"龙宫"的发现为我们了解地球生命的起源提供了重要线索。在这个与我们熟悉的地球迥异的光怪陆离的世界中，蕴藏着许多特殊的生命，让我们不由得惊叹生命形式的多样。在拓宽人类眼界的同时，也向我们提出了新的课题——生命究竟是什么？来自哪里？走向何处？也许在地球的某个角落，还有其他的如深海化能生态系统一样与众不同的生命绿洲，这些生命的星星火种，延续着地球生命的尊严，并演化出今天这般绚丽多彩的世界。希望我们能够尽快认识深海绿洲中的生命，解析它们刀枪不入、百毒不侵的密码，这必将为我们认识生命乃至人类自己提供至关重要的金钥匙。

# 第八章
# 海洋·人类·和谐
## ——当海洋生态系统遇到人类

## 引 言

　　海洋覆盖地球表面的71%，是人类赖以生存的地球系统中的重要一环，具有供给、调节、文化和支持功能。海洋提供人类呼吸所需的一半的氧气，吸收人类活动所产生的1/4的二氧化碳，捕获人类活动释放到全球大气中90%的热量，接收冰川融化所带来的全部水量。海洋是经济财富的核心，每年为全球经济创造3万亿到6万亿美元的价值。90%的全球货物贸易经由海上承运；海洋渔业为43亿人口提供了15%的动物蛋白，临海地区为当地社区提供了核心服务。如今，全球超过40%的人口生活在离海岸200千米以内的沿海地区，全球15个特大城市中有12个在沿海地区。

　　过去50年来全球人口增加了一倍，工业快速发展，人类日益富裕，这些都给海洋带来了越来越大的压力。气候变化、不可持续的资源开采、陆地污染和生境退化威胁着海洋的生产力和健康。过去我们一直认为，海洋博大浩渺，相对于人类社会来说，是取之不尽、用之不竭的。但目前，曾经我们赖以生存的海洋，正在遭受着人类活动所造成的破坏。过度捕捞使渔业资源逼近临界点，一些大型鱼类种群数量已骤减70%以上；全球75%的珊瑚礁正在遭受威胁；白色污染更加触目惊心，全球每年至少有1 000万吨塑料制品被丢弃到海洋中。因为海平面上升，可以预见到未来数百万人口将无家可归。人类如何与海洋和谐共处，如何保护这个看似强大实则脆弱的系统，是必须思考和行动的问题。

# 不容忽视的白色污染

想象一下，将160万平方千米的土地全部铺满垃圾，会是一幅怎样的画面？这就是如今世界上最大的"垃圾场"——"大太平洋垃圾带"的规模（图8-1）。为什么会有如此大的垃圾场，我们却甚少耳闻？因为这个垃圾场并不在陆地上，而是在北太平洋上从美国的加利福尼亚州到夏威夷州之间的海域。受北太平洋环流系统的影响，水流旋转和波浪的推动源源不断地将太平洋两岸的垃圾带进来，就形成了一片难以想象的巨大的垃圾带。这个垃圾场自20世纪90年代第一次被发现，在随后几十年的时间里，以惊人的速度在扩张着。时至今日，这个遮蔽了阳光、漂浮在海洋表面的巨大垃圾场已经有88 000吨，差不多是500架大型喷气式客机的重量。

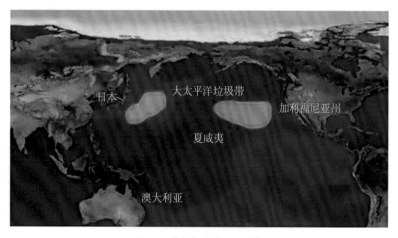

图8-1 "大太平洋垃圾带"
图片来自网络

在这个曾经被科学家们低估的垃圾场里，99%的垃圾都是塑料或其衍生品。其中，废弃缠绕的渔网就占了46%，这些渔网漂浮在海面成了无数海洋动物的噩梦，令它们缠绕其中，无法动弹；还有46%是各种塑料废弃物，有孩子玩沙的沙桶、丢掉的牙刷、废弃的塑料水瓶、不慎遗失的运动鞋、洗澡时的小黄鸭等，只要是生活中可能用到的塑料制品，都可以在这片垃圾场找到它们的痕迹（图8-2）。尽管太平洋垃圾带的大小已经超出了我们的想象，但这只是浩瀚的几大洋中最显眼的一部分，大西洋、印度洋同样存在着类似的垃圾带。海洋中究竟容纳了多少垃圾，谁也不清楚。不过有研究人员曾经做出预估，如果不加以控制，到了2025年，海洋中漂浮的塑料垃圾重量可能会再翻3倍；到2050年，海洋垃圾的重量会超过所有海洋动物的重量。或许这些数字看起来离我们的生活非常遥远，毕竟比起这些恐怖的数字来说，塑料制品确实让我们的生活变得方便又简单。但事实上，就是这一件件塑料垃圾，正在潜移默化地影响甚至改变着整个海洋以及生活在其中的海洋生物（图8-3）。

图8-2　科学家在太平洋上打捞起来的塑料垃圾

图片来自网络

图8-3　海洋垃圾对生物的影响

图片来自网络

1.海龟从小便被塑料制品缠绕，导致其无法自然生长；2.浮动的半透明塑料袋被海龟当作美食"水母"
吃进肚中；3-4.鱼和水母在反射着点点光芒的塑料海水里游荡

　　在机械作用、生物降解、光降解、光氧化降解等过程的共同
作用下，海洋中的塑料垃圾会逐渐被分解成碎片，存留于海洋中
数个世纪。这些毫米级别甚至微米级别的塑料碎片被称之为微塑
料。微塑料，通常是指那些粒径小于5毫米的塑料纤维、颗粒或
者薄膜，实际上很多微塑料可达微米乃至纳米级，肉眼是不可见
的。科学杂志《地球的未来》上刊登的文章里，指出有研究发现

每立方米的北极海冰中含有多达240个微塑料颗粒。2016年，日本九州大学与东京海洋大学公布的调查结果也显示，南极海域中已经漂浮着微塑料。南极、北极和深海，这世界上最后隐秘的角落里都遍布着微塑料的身影，这几乎可以说明，微塑料已经遍布了整个海洋系统。

微塑料随着海水扩散，不断分解变小，最直接的影响就是进入海洋食物链中。微塑料对海洋生态系统的潜在影响可体现在三个方面。首先，微塑料易造成海洋动物进食器官的堵塞。已有研究发现，一系列的海洋生物，包括浮游动物、底栖无脊椎动物、双壳类、鱼类、海鸟、大型海洋哺乳动物等能够摄食微塑料，一旦摄食，微塑料可能会对生物产生机械损伤，堵塞其食物通道，或者引起假的饱食感，进而引起摄食效率降低、能量缺乏、受伤或者死亡。其次，许多塑料中含有有毒物质，这些有毒物质能随着微塑料被吞食而释放出来，并进入生物体内。再次，微塑料易成为海水中有毒化学物质的载体，间接影响海洋生物。微塑料大的比表面积及其疏水特性，使它们更容易吸附水体中的污染物，动物摄食后引发毒性效应。曾经有研究人员对20多种经济价值比较高的常见鱼类进行采样，经过研究发现，其中90%的鱼类样本中都发现了微塑料（图8-4）。海洋的浮游动物、鱼类、哺乳动物等，就算不是主动去吞食塑料，也无法避免无处不在的海水里那些纳米级别的塑料颗粒。可想而知，小鱼吃虾米，大鱼吃小鱼，食物链的层层递进，最终微塑料进入了这个世界食物链的顶层——人类的身体。2018年10月22日在维也纳举行的欧洲联合胃肠病学会上发布了一项新研究，该研究首次确认，人体内发现了多达9种不同种类的微塑料。微塑料按形成的方式可分为初级微塑料与次级微塑料。初级微塑料是指以微粒形式被直接排放到环境中的塑料。它们可能来自产品中的添加剂，比如

清洁用品中的清洁颗粒。次级微塑料是指大块塑料排入海洋后破碎产生的微塑料。由于光降解以及其他气候原因，一些被随意处置的塑料垃圾，如被丢弃的塑料袋或无意中丢失的渔网，会被分解成细小的塑料颗粒。我们使用的个人清洁用品如洗面奶、牙膏、剃须膏、防晒霜等，在说明书上可看到一种叫作"柔珠"的物质，用于对皮肤进行磨砂、去角质等深层清洁。这种柔珠其实就是一种微塑料，一瓶普通磨砂洗面奶就含33万颗塑料粒子（图8-5）。另外，人造纤维制成的衣物，在洗衣机里翻滚的同时，可能已经让塑料微粒进入了水循环。研究人员推测，一个人口规模为10万人的城市，每天经过洗衣机排入自然水体的微纤维约110千克，相当于扔掉1.5万个塑料袋。

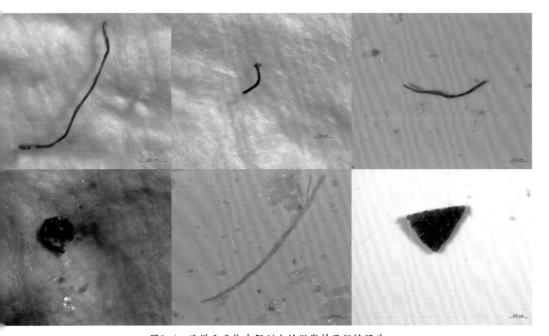

图8-4　海洋鱼类体内解剖出的微塑料显微镜照片

图8-5　洗面奶中用到的柔珠
图片来自网络

　　微塑料是否对人类造成健康影响，到底造成什么程度的威胁目前有不同看法。联合国粮食及农业组织根据2017年对微塑料进行的调查指出，90%被人体摄入的微塑料应该不会被人体吸收，微塑料可能并不会对人类造成危害。但是，也有一些研究得出的结论认为，人类摄入的微塑料，尽管大部分随粪便排出，但仍会有少量存留在体内，长期的蓄积可能造成危害。这是因为塑料本身和塑料吸附的成分，都可能对人体造成危害，如微塑料表面可能吸附许多细菌和真菌，这些病原体可以通过微塑料这个载体进入人体，影响人们的健康。尽管塑料对人类的危害尚无研究证实，但对其他生物的伤害已经有研究结果。增强环保意识，拒绝白色污染，是促进人类与海洋和谐发展的关键一环。

# 过度捕捞

从前，塞内加尔当地海域盛产鲭鱼、乌贼和沙丁鱼，生活富足。然而现在，在地球的另一边，晒痕满身的渔民们却抱怨着空荡荡的渔网（图8-6）。根据联合国粮食及农业组织的数据，过度捕捞正在耗尽全球的海洋渔业资源，全球90%的渔场已经被捕捞一空或者面临崩溃。从西白令海的俄罗斯捕捞帝王蟹的渔民，到佛罗里达海岸捕捞红鲷鱼的墨西哥渔船，破坏生态平衡的捕捞作业正威胁着数百万人的生计。

图8-6 塞内加尔渔民和他们贫瘠的渔获物

图片来自网络

过度捕捞，是指人类的捕鱼活动导致海洋中生存的某种鱼类种群不足以繁殖并补充种群数量。现代渔业捕获的海洋生物已经超过生态系统能够平衡弥补的数量，结果使整个海洋生态系统退化。浩瀚的海洋为生物生长提供了最广阔的空间。人类自古就开始的渔猎生活，到今天已经被大规模的工业化渔业生产所取代。人类在向海洋进军的过程中对海洋的索取越来越多，当人类的索取超过了海洋能够负载的限度时，海洋的渔业资源就开始逐渐萎缩，最终走向灭绝的结果。近年来，随着全球人口的急剧增长，渔业生产的发展速度很快，很多渔区出现了过度捕捞的现象。根据联合国粮食及农业组织提供的数据报告，由于工业化的捕鱼方法、高额的补贴、快速发展的技术以及超低的物价，从1950年到1990年，全球每年捕鱼总量从2 000万吨上升到9 000万吨，增加到4倍多。越来越多的迹象表明渔业资源正在走向崩溃的边缘。过去20年间，全球捕鱼业已经慢慢衰退，而且这种趋势将持续下去。在之前的鱼群被捕完后，尽管渔民将捕鱼目标转移到更加脆弱的海域及物种，但捕鱼业仍在慢慢衰退。

渔业资源的崩溃将对人类产生巨大的影响。联合国粮食及农业组织的报告表明，一半以上的鱼群正在遭受最大限度的捕获，这表明捕鱼业不能毫无危险意识地继续发展。有1/3的渔民正在过度捕捞，只有15%的渔民可以承受捕捞压力的增加。加拿大纽芬兰岛鳕鱼种群的崩溃是过度捕捞影响当地居民的一个典型案例。15世纪首批到达纽芬兰岛海域的探险家们发现这里庞大的鳕鱼群，后面长达三个多世纪的时间里，欧洲食用的鱼类基本都来自这个庞大的鱼群。那时候，渔民们每年大概捕获25万吨鳕鱼。20世纪50年代之后，工业化捕鱼使得被捕获的鳕鱼量在短短的几年内迅速增长到81万吨，之后增长速度变慢，产量开始下滑。1992年，加拿大纽芬兰岛的渔业完全崩溃，渔民在整个捕鱼季没有抓到一条鳕鱼。这是当地渔业部门纵容过度捕捞的后果，这一情况导致4万人失业，整个地区的经济衰落下来。纽芬兰岛海域的经历已经表明，渔业资源的变化存在一个阈值，一旦数量低于这个

阈值，鱼群将很难恢复。

　　除了过度捕捞，不加选择进行捕捞的"连带杀伤"也是一个非常严重的问题。现代渔业的专业性很强，每次捕鱼都有一两个"目标物种"，但很多原本不是目标的物种也一同被捕捞上来，其中大部分在分拣过程中死亡。根据联合国粮食及农业组织数据，世界上误捕的总量平均超过了700万吨。根据欧盟的一项调查，废弃鱼类占据了伊比利亚半岛拖网捕鱼总量的60%。作为最不加以筛选的捕鱼类型，捕虾业被认为是全球50%误捕量的罪魁祸首。误捕直接威胁了附带物种的生存。当误捕中包含了未成年个体时，还将影响到物种的繁殖和未来。

　　对所有种类的鱼来说，过度捕捞的结果往往是多方面而且深远的。当一种鱼濒临灭绝、数量开始大大减少的时候，鱼类食物链中的所有生物都会遭受影响并发生变化。被过度捕捞的生物，可能会引发其他物种的增殖或其他种种问题。另一方面，以那些被过度捕捞的生物为食的动物们很可能就会饿死。食物链中一种或两种鱼类的损失，就会扰乱整条食物链，同时妨碍能量的正常流动。研究人员对1880年以来全球超过200个海洋生态系统的数据进行了分析，结果证实，过度捕捞已经使得如大西洋鳕鱼、鲑鱼、旗鱼和金枪鱼等掠食性鱼类的生存环境遭到重创，单是在过去40年，上述鱼类的数量就锐减达54%。在这些"掠食者"遭到重创的同时，天敌的减少使得小型鱼类的数量发生爆炸式增长，一些如凤尾鱼和沙丁鱼的小型鱼类的数量已经上涨了一倍多。过度捕捞将使海洋生态系统形成一个"山中无老虎，猴子称大王"的现象。人类的滥捕正在影响着全球的食物链，使生态系统失衡，这将可能带来环境、疾病和其他不可预估的问题。

# 气候变化

目前一个明确的科学共识是，人类活动导致的温室气体排放，对观测到的地球变暖有不可推卸的责任。1988年，联合国环境规划署和世界气象组织成立了政府间气候变化专门委员会（IPCC），为气候变化提供独立的科学建议。自1990年起，IPCC组织和发表了一系列评估报告，为人类活动所导致的气候变化提供了强有力的支撑。IPCC被提名为2007年诺贝尔和平奖获得者之一，评奖委员会认为"通过过去20年已经发布的科学报告，关于人类活动和全球变暖之间的联系，IPCC促成了日趋广泛的科学共识"。

在全球变暖背景下的海洋正在发生怎样的变化？最直观的影响是海洋温度的上升。海洋吸收了大部分大气中增加的热量，由于全球变暖，自1970年以来，全球海表温度整体上升了0.6℃。温度增长最高的地方为北冰洋、南极半岛附近和热带水域。海洋变暖的影响深远并会持续几个世纪。海水温度的升高会影响对温度敏感的生物，例如珊瑚是海洋中对气候变化非常敏感的生物类群。联合国环境规划署一项研究显示，全球变暖趋势若继续持续，21世纪内全球多数的珊瑚礁（约为99%）都将发生严重的白化现象（图8-7）。该研究同时指出，如果国际社会能够采取更加有效的减排措施，将可使珊瑚礁平均白化的时间往后推迟11年。海水变暖也可能会改变或破坏珊瑚的产卵周期。另外，随着暖水的扩散，一些珊瑚已经迁徙到它们从未出现过的区域。全世界的珊瑚礁所处的状态已经对科学界发出了警告。2012年，澳大利亚聚集了来自世界各地的一共2 600名海洋学家，他们发出号召，希望能采取行动来保护这种典型的生态系统。

图8-7　正常健康的珊瑚（左）和"白化"死亡的珊瑚（右）
图片来自网络

　　除了珊瑚之外，许多生物对海水温度的变化也非常敏感。为了应对温度的上升，海洋生物开始纷纷向更深的海域和两极地区移动。例如，海洋变暖增加了北大西洋寒冷地区的浮游植物量，减少了其在温暖海域的数量。最近一项关于北海鱼类的研究发现，许多经济鱼类已经向北移动了800千米，如果变暖趋势继续，到2050年有些种类的鱼可能会彻底从北海消失。这样的变化严重影响了海洋生态系统的健康和海洋渔业的可持续发展。

　　近些年来，随着对全球变暖关注度的提升，科学界一直在关注的另一个重大问题是海平面高度的变化。在20世纪之前的几千年里，全球海洋的水位一直保持着稳定的高度。而自20世纪以来，海平面高度则以每年1.7毫米的速度在上升。在过去的100年里，全球海平面上升了10至25厘米。某些潮汐站的记录数据可以追溯到19世纪，在过去的150年里，海平面的相对高度增加了40厘米。研究表明，海平面高度目前的上升速度比过去4 000年里的任何时候都快，增长速率预计随全球变暖而增大。水位上升的基本机制有两个过程在起作用。第一个过程是热膨胀。由于海洋吸收了全球变暖的大部分热量，因此海洋的体积也在膨胀中，这会导致海平面高度的上升。第二个过程则是陆地冰川的融化。在我们的地球上，大量的水分是以冰的形式被固定在两极地区（格陵兰岛和南极）巨大的极地冰盖以及散布于地球上各处的数以千计的陆地冰川之中。大量的（超过90%）陆地冰川目前正在融化，同时在融化的还有格陵兰岛和南极西部地区的冰盖。这些水最终都汇集到海洋里，使得海平面上升。需要注意的是，海冰或浮动冰架的融化不会造成海平面上升，因为冰/水已存在于海洋中。

　　考虑到大量的人口和财富都集中在沿海一带，在一个世纪内海平面上升1米会提高受到巨大损害的风险。由于很难提供准确的数据，数百万甚至上亿的人都将不得不背井离乡，成为"生态难民"。作为北极熊用来休息和捕捉海豹的平台，海冰的融化对北极熊的生存也造成了一定的威胁（图8-8）。北极熊已经成为全球变暖的典型受害者。每十年，海冰在春天的融化时间会提前8天，这在很大程度上缩减了北极熊的狩猎期，并且拉长了它禁食的时间。在加拿大的哈得孙湾，北极熊的数量自1987年以来已经削减了22%，而且现存的这些熊也变得更加瘦小。平均来说，相比于30年前，母熊体重减少了30千克。北极熊是肉食性动物，习惯了把广阔的狩猎场作为它的生活领地，而不习惯受到约束和限制，因而很难将其归于动物园的安全保护之下。现在，国际相关保护组织已经将北极熊定为濒危物种加以保护。

图8-8　北极冰盖融化，北极熊栖身之地受到威胁

图片来自网络

# 海洋保护区

　　人类注定要捕尽海洋里所有的鱼，让海洋充满有害的水母和微生物吗？可能不会，因为海洋的再生能力是相当可观的。与大陆相比，海洋的环境更加稳定，较少遭受干旱和紫外线的影响，所以更加有利于海洋里的动植物重新繁殖。很多科学家认为，如果不受到人类活动的影响，海洋能够在短短的几十年内再生大量的海洋生命，对生态系统起到一定的恢复作用。

　　那人类该如何做呢？建立海洋保护区是可考虑的行动方案之一。"海洋保护区"这一概念在1962年世界国家公园大会上首次提出，近几十年来，海洋保护区的建设在世界范围内日渐兴起。海洋自然保护区，是国家为保护海洋环境和海洋资源而划出界线加以特殊保护的具有代表性的自然地带，是保护海洋生物多样性、防止海洋生态环境恶化的措施之一。20世纪70年代初，美国率先建立国家级海洋自然保护区，并颁布《海洋自然保护区法》，使建立海洋自然保护区的行动法制化；中国自80年代末开始海洋自然保护区的选划，5年之内建立起7个国家级海洋自然保护区。建立海洋自然保护区的意义在于保持原始海洋自然环境，维持海洋生态系统的生产力，保护重要的生态过程和遗传资源。

根据世界自然保护联盟、联合国环境规划署和美国国家地理学会共同发布的《保护地球报告2018》，经过实施有效的保护措施，2018年全球海洋保护区面积已从2016年的3.8%增加到7%，各国领海内海洋保护区面积也从10.2%增至16.8%，表明各国政府正在努力实现国家承诺，推动实现联合国设定的2020年全球保护区目标。在生物多样性重要区域方面，截至2018年，共有15.9%的海洋生物多样性重要区域位于保护区内。目前全球已有近2 700万平方千米的海洋区域被划定为保护区，距离达成联合国提出的"到2020年，将全球10%的沿海和海洋区域设立为保护区"又近了一步（图8-9）。可以看出，全球海洋保护区覆盖面积持续扩大，增速较快，凸显出各国对海洋环境保护的重视逐渐加强。

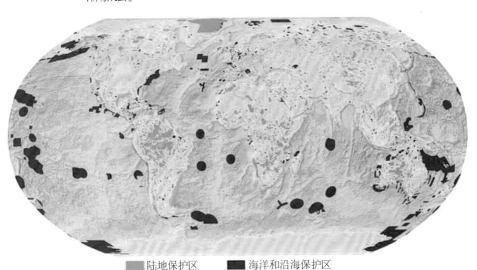

陆地保护区　　海洋和沿海保护区

**图8-9　世界保护区空间分布图**
图片来自世界自然保护联盟、联合国环境规划署和美国国家地理学会共同发布的
《保护地球报告2018》

成立海洋保护区，在保护海洋生态系统的同时，也会给当地渔业带来好处。以肯尼亚的蒙巴萨为例，自1991年成立珊瑚礁保护区以来，鱼类生物量已由原来的每公顷180千克升至每公顷1 000千克。2009年一项关于全球范围内55个海洋保护区的研究调查表明，在保护区内平均生物量增加了465%。在保护区密度不断增加的成鱼、幼体和卵，蔓延到周边数千米，间接刺激了周边海域渔业生物的生产量，从而增加了保护区周边渔民的渔获量；而且，保护海洋增加了渔民的利润，这也激励了他们参与创建和管理这些海洋保护区的行动。

# 基于生态系统的海洋管理

海洋生态系统具有陆地生态系统所不可比拟的资源供给能力和环境承载潜力，但同时也在承受着越来越多的人类开发压力。据美国《科学》杂志报道，人类对海洋的影响远远超出人们的预想，全球41%的海域已经受到多种人类活动的强烈影响，包括我国四大海在内的局部海域受到的影响尤为严重，海洋正面临着前所未有的生态压力。海洋环境污染、生物多样性丧失、资源衰退以及自然海岸的消失已成为沿海地区所普遍面临的问题，如何减轻海洋环境压力，缓解全球海洋环境危机，实现海洋的可持续健康发展是我们所面临的严峻挑战。

显然，可持续的海洋管理不是只包括创建越来越多的海洋保护区，基于生态系统的管理是实现海洋可持续发展的必然途径。基于生态系统的管理最早于20世纪60年代提出，其基本理念是从生态、系统和平衡的角度思考解决环境资源问题。这一理念的提出是科学家对全球规模的生态、环境和资源危机的一种响应，作为生态学、环境科学和资源科学的复合领域，自然科学、人文科学和技术科学的新型交叉学科，不仅具有丰富的科学内涵，更具有迫切的社会需求和广阔的应用前景。到20世纪80年代，基于生态系统的管理在基础理论和应用实践方面都得到了一定发展，逐渐形成了完整的理论-方法-模式体系。在此基础上，1992年的里约热内卢联合国环境与发展大会提出要从整个生态系统来管理海洋资源和人类的海洋开发活动，促进沿岸和近海环境综合管理及持续利用，形成了基于生态系统的海洋管理理念。综合上述理念，基于生态系统的海洋管理的基本内涵是充分考虑海洋生态系统的整体性与内在关联性，在科学认知海洋生态系统结构与功能的基础上，对海洋开发活动、海域使用进行全面管理，以保护海洋健康和维持其生态系统服务功能，实现海洋资源的可持续利用和海洋经济的可持续发展。

20余年来，基于生态系统的海洋管理逐渐被世界各国普遍接受并得以迅速发展。国际上已有不少成功案例可以借鉴。澳大利亚于1998年出台了《澳大利亚海洋政策》，成为基于生态系统的海洋管理的典范。美国的一系列国家海洋政策报告都高度重视基于生态系统的海洋管理，相关的政策文件如《21世纪海洋蓝图》《美国海洋行动计划》等。与此同时，一系列的基于生态系统的海洋管理研究得以开展，这些研究涵盖了不同的国家、海域、学科领域，在海洋生态系统健康评估、模式的研发、政策的制定方面给予了重要支撑。其中，基于生态系统的渔业管理、基于生态系统的海岸带管理、海洋空间规划等方面的研究进展尤为突出，为我国实施基于生态系统的海洋管理提供了很好的借鉴。

以海洋渔业资源的管理为例，海洋鱼类种群很少是完全分布在由某单一国家所管辖的海域内，而往往是跨领海分布的。因此，要实现科学的渔业管理，必须把鱼类种群作为一个整体来进行管理。渔业活动通常是以生态系统中的一种或多种生物种类为

目标的，但在此过程中又不可避免地对其他种类造成连带捕捞。科学的渔业管理应该考虑到渔业活动对生态系统整体的影响，并且应努力确保整个生态系统和生物群落的可持续利用。因此，促进开展以生态系统为基础的渔业管理十分必要。实现可持续的海洋开发仅仅靠创建海洋保护区还不够，对捕鱼许可的控制和管理也很重要，比如国际区域渔业管理组织针对金枪鱼、鲑鱼和鳕鱼等制定了捕捞限额制度。捕捞限额制度主要是基于生物学考虑而采取的一种产出控制措施。产出控制是直接限定渔获量的管理措施，通过规定允许特定种类一定时期（通常为一年）上岸的最大重量或数量（条数）来限定特定渔业的产出水平，并通过有效的监控和执法使实际渔获量不超过所规定的捕捞配额的一种管理手段。

在这一点上，蓝鳍金枪鱼的情况具有代表性（图8-10）。自1969年起，保护大西洋金枪鱼国际委员会负责管理地中海和大西洋蓝鳍金枪鱼的捕捞。2010年，它允许13 500吨的捕捞量。事实

图8-10 蓝鳍金枪鱼

图片来自网络

上，蓝鳍金枪鱼种群在过去的50年中已经下降了90%，但2011年配额仅下调了600吨（总捕捞量为12 900吨）。非政府环保组织在通过科学的数据分析后，呼吁将捕捞量下调6 000吨，以给予该种群自身恢复繁殖的机会。

# 结　语

海洋具有供给功能、调节功能、文化功能和支持功能。随着陆地资源的日趋紧张，海洋与人类福祉的关系将更加密切。只有海洋自身健康，才能有效地服务于人类健康；也只有人类有效地呵护海洋，才能保障海洋健康。世界上的海洋是连通的，海水是流动的，全人类拥有同一片海洋。海洋是人类命运共同体的依托和支撑。人类只有深刻地改变了其与自然的关系，变掠夺性关系为对海洋的负责任和真正管理，实现真正意义上的人海和谐，才能真正维护海洋的健康。保护和可持续利用海洋和海洋资源已成为联合国可持续发展目标之一，通过加强抵御灾害能力等方式，可持续管理和保护海洋和沿海生态系统，以免产生重大负面影响，并采取行动帮助它们恢复原状，使海洋保持健康，物产丰富。只有健康的海洋，才能真正把可持续的资源和空间奉献给人类，才能真正促进人类社会的和谐发展。

# 参考文献

孙松, 杨光, 2017. 南极生物圈的基石——南极磷虾, 人与生物圈, 27(1): 92-95.

唐启升, 张晓雯, 叶乃好, 等, 2010. 绿潮研究现状与问题. 中国科学基金, 1: 5-9.

ANDERSON D M, ANDERSEN P, BRICELJ V M, et al., 2001. Monitoring and management strategies for harmful algal blooms in coastal waters. APEC #201-MR-01.1, Asia Pacific Economic Program, Singapore, and Intergovernmental Oceanographic Commission Technical Series No. 59, Paris:21.

ANDERSON D M, CEMBELLA A D, HALLEGRAEFF G M, 2012. Progress in understanding harmful algal blooms: paradigm shifts and new technologies for research, monitoring, and management. Annual Review of Marine Sciences, 4: 143-176.

FLETCHER R L, 1996. The occurrence of "green tides": a review.// SCHRAMM W, NIENHUIS P H. Marinre benthic vegetation: recent changes and the effects of eutrophication. Berlin: Springer-Verlag:7-43.

GLIBERT P M, HARRISON J, HEIL C, et al., 2006. Escalating worldwide use of urea-a global change contributing to coastal eutrophication. Biogeochemistry, 77(3):441-463.

IBRAHIM A M M, 2007. Review of the impact of harmful algae blooms and toxins on the world economy and human health. Egyptian Journal of Aquatic Research. 33(1): 210-223.

LIU F, PANG S J, CHOPIN T, et al., 2013. Understanding the recurrent large-scale green tide in the Yellow Sea: Temporal and spatial correlations between multiple geographical, aquacultural and biological factors. Marine Environmental Research, 83: 38−47.

LOPEZ C B, DORTCH Q, JEWETT E B, et al., 2008. Scientific assessment of marine harmful algal blooms. Interagency Working Group on Harmful Algal Blooms, Hypoxia, and Human Health of the Joint Subcommittee on Ocean Science and Technology. Washington, D.C.

PEPERZAK L, 2003. Climate change and harmful algal blooms in the North Sea. Acta Oecologica, 24:139−144.

RAFFAELLI D G, RAVEN J A, POOLE L J, 1998. Ecological impact of green macroalgal blooms. Oceanogr Mar Biol, 36: 97−125.

SUN S, WANG F, Li C L, et al., 2008. Emerging challenges: Massive green algae blooms in the Yellow Sea[J]. Nature Precedings. hdl:10101/ npre.2008.2266.1.

YAMOCHI S, 2013. Effects of desiccation and salinity on the outbreak of a green tide of Ulva pertusa in a created salt marsh along the coast of Osaka Bay, Japan. Estuarine, Coastal and Shelf Science, 116: 21−28.

YANN A-B, BRIAN S, 2013. Man and Sea. Good Planet Foundation, Thames & Hudson, UK.

YU R C, GAO Y, LUO X, et al., 2014. Toxic algae and phycotoxins in the coastal waters of China.//SUN S, ANDREY V A, KONSTANTIN A L, et al. Marine biodiversity and ecosystem dynamics of the Northwest Pacific Ocean: 90−106.

ZHANG Q C, QIU L M, YU R C, et al., 2012. Emergence of brown tides caused by Aureococcus anophagefferens Hargraves et Sieburth in China. Harmful Algae, 19: 117−124.

ZHANG X W, WANG H X, MAO Y Z, et al., 2009. Somatic cells serve as a potential propagule bank of Enteromorpha prolifera forming a green

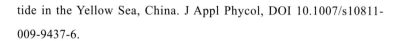

tide in the Yellow Sea, China. J Appl Phycol, DOI 10.1007/s10811-009-9437-6.

ZINGONE A, ENEVOLDSEN H O, 2000. The diversity of harmful algal blooms: a challenge for science and management. Ocean and coastal management, 43: 725−748.

变化海洋中的生命
Life in a Changing Ocean